Design–Inspired
Innovation

设计驱动的创新

[美] James M. Utterback 等著

吴晓波　译

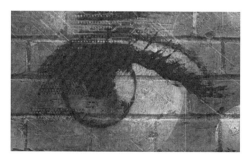

ZHEJIANG UNIVERSITY PRESS
浙江大学出版社

图书在版编目(CIP)数据

设计驱动的创新 /（美）厄特巴克等著；吴晓波译.
—杭州：浙江大学出版社，2020.7
书名原文：Design-Inspired innovation
ISBN 978-7-308-12777-6

Ⅰ.①设… Ⅱ.①厄… ②吴… Ⅲ.①技术革新
Ⅳ.①F062.4

中国版本图书馆 CIP 数据核字（2014）第 009039 号
浙江省版权局著作权合同登记图字：11-2016-126 号

Design-Inspired Innovation

By James M. Utterback，Bengt-Arne Vedin，Eduardo Alvarez，Sten Ekman，Susan Walsh Sanderson，Bruce Tether and Roberto Verganti

设计驱动的创新

[美]James M. Utterback 等著

吴晓波　译

责任编辑	樊晓燕(fxy@zju.edu.cn)	
责任校对	吴水燕	
封面设计	春天书装	
出版发行	浙江大学出版社	
	（杭州市天目山路 148 号　邮政编码 310007）	
	（网址：http://www.zjupress.com）	
排　　版	杭州中大图文设计有限公司	
印　　刷	杭州钱江彩色印务有限公司	
开　　本	710mm×1000mm　1/16	
印　　张	10.75	
字　　数	186 千	
版 印 次	2020 年 7 月第 1 版　2020 年 7 月第 1 次印刷	
书　　号	ISBN 978-7-308-12777-6	
定　　价	49.00 元	

版权所有　翻印必究　　印装差错　负责调换

浙江大学出版社市场运营中心联系方式：0571－88925591；http://zjdxcbs.tmall.com

序　言

　　我们写此书旨在去探索在这个物质文化的世界中，艺术领域、设计领域以及创新领域是如何通过相互的影响去创造新产品的。是什么使得产品如此美妙？设计公司在产品的创造和创新的过程中起到什么样的作用？这种作用又是如何演变的？是什么造就了设计公司的成功？创新和设计的过程又是怎样的？对设计的关注是否有助于创新并提高企业成功的可能性？什么样的战略会激发更多的设计和创新？

　　在这本书中我们将展示针对上述问题的研究结果。在这个研究中我们与近百个设计公司的创始者进行了访谈，这些设计公司分布在瑞典、意大利、英格兰和美国四个国家的多个产业。这些访谈的对象中既有世界上最大的三家设计公司的部门，也有一些只是在企业所在地本土的新创的小企业。此外，我们发现这些企业对很多类型的产品创新和设计有着巨大的贡献，包括消费电子类、个性化移动产品等。

　　为了响应技术变革和顾客需求，制造企业都尝试着更快地将新产品引入市场。它们需要应对那些可以用来开发完完全全新种类产品的新技术以及融合技术，同时也要与新类型的行业进入者进行竞争。大公司通常享有更多的科技资源，但现在，这些资源逐渐对所有的企业开放。小的集团和组织现如今也较易于从那些种类繁多的高精的设计资源中获得创新能力，这些资源包括计算机辅助设计（CAD）、仿真和可视化技术。

　　我们发现成功的产品绝不止于完备的功能、稳定的质量和低成本。从我们的研究和案例中我们发现，大量的竞争优势来自用全新的视角和方法审视传统产品。这些全新的方法会用到新的材料和设计技巧。为什么市场上很多的产品类别中，少数的产品设计却带来大量的利润和销量？我们相信这是因为这些产品强调客户愉悦度、产品的精致和长久的价值。这些产品随着时间的流逝反而会增加价值，而不是价值逐渐消散。

我们的工作起源于 1980 年出现的一个难题。那时瑞典规模较大的公司在拓展海外业务的同时,在国内却大规模裁员。与此同时,瑞典的新创企业规模也在显著下降。怎样才能通过企业和就业的增长来保证可持续的未来的经济发展? 有没有促进新产品和新企业的途径以保障未来的发展?

Jim Utterback 和 Bengt-Arne Vedin 被邀请参加美国和瑞典的研究团队去探寻未来经济增长的推动力。一开始,他们的假设是基于技术创新的新创企业可以带来财富、就业和出口的净增长。他们研究了瑞典 60 家新公司,在 15 年前,这个数字大概接近于整个瑞典科技型新创企业数量的一半。与此同时,他们在波士顿也选取了相近数量的企业,进行对比研究。[1]

美国的样本验证了他们最初的假设,尽管在出口这一项上表现得相对弱一些。但在瑞典的样本中,只有四分之一的企业认为它们的竞争优势是新技术。另外约有四分之一的企业认为它们的竞争优势是设计。而 Jim Utterback 和 Bengt-Arne Vedin 发现后面这类企业与样本中增长最快的企业几乎一致。而那些没有技术优势或者设计优势的企业,它们的增长速度缓慢,甚至根本没有增长。总而言之,样本中注重设计的企业最为成功。

在那个时候,两位学者并没有跟进这个新的思路。但是那项研究开启了后续长期的对话和友谊。

随后,Jim Utterback 和 Bengt-Arne Vedin 接触到了 Susan Sanderson。当时 Susan 也正在为一个类似的难题而思索,这个难题是关于日本移动音乐播放设备行业的企业。在五花八门的型号中,只有少数在市场中不是"昙花一现",而在市场中获得巨大销量和利润的则少之又少。而这些极其成功的型号都出自同一家公司——索尼公司。这些成功的产品正如瑞典的企业一样,它们除了关注功能之外,对设计也非常重视。事实上,索尼这种产品的名称——随身听(Walkman)也成了这类产品的"代言词"。

在 1997 年秋天哈佛商业学院的假期中,Jim 和 Roberto Verganti 在同一个办公室工作。Roberto 是一个大型研究学者群体中的一员,这个群体旨在研究意大利米兰和伦巴蒂地区的设计公司在经济健康和经济增长中的作用,以及卓越的设计究竟是不是保证经济健康发展的重要因素。

随后 Jim 收到了来自曼彻斯特大学创新和竞争研究中心的邀请,加入了中心的咨询委员会。也正是通过这个机会,Jim 认识了中心正在分析获得英国"千禧年设计奖"企业数据的 Bruce Tether。这个奖项是颁给在英国境内最值得关注的新产品的。尽管很多产品在技术层面极具创新性,但真正成功的要点却是或正式或隐晦地追求出众的设计。

当 Jim 加入由 Sten Ekman 领军的瑞典梅拉达伦大学的"创新、设计和产品研发"系的时候,他们认为进一步直接地去探寻某一命题的时机已经成熟,这个命题就是"卓越的设计可能为竞争优势和经济发展提供了一种之前被人所低估的手段和方法"。我们的第一次会面就达成了开展平行研究的共识,我们当中每个人在各自的国家进行广泛的工作。在这一过程中,很多学生也加入我们。这其中,一位非常有才华的设计家和创业家 Eduardo Alvarez 也成了我们的工作伙伴。我们每个大学轮流每年举行两次会议以便于协调,此外,我们也在会议上探讨一些初步的结果。当地的设计公司主管也会非常积极地参与这些会议,尤其是在意大利和瑞典。

我们原本期待追寻一些共同的方法或主题,但是不久我们就发现,各个国家不同的工作环境和工作方法都影响着我们关于不同的研究地区的设计体系和设计网络的本质的讨论。此外,我们研究小组对于哪些变量和关系在创造价值中占据更为重要的地位也有着分歧。是不是功能和成本维度的卓越表现更为重要,抑或是有些人对他们使用的产品所传达的产品符号和产品意义更为敏感? 问题的关键在于要将设计的平衡性和完整的用户体验相结合。在第 8 章,我们会展示相关依据,阐述这一问题。[2]

尾注

1. J. M. Utterback, M. Meyer, E. Roberts, and G. Reitberger, 1988.
2. 附录 A 中列出了所有访谈中提出的问题。在大多数访谈中,我们选用了这些问题的一部分。

致　谢

非常感谢所有给予我们帮助和资助的个人和机构,使得我们能够完成这项有意义的工作。这包括 David J. McGrath jr 基金;麻省理工学院斯隆管理学院(Sloan School of Management)与麻省理工学院制造业领袖项目;经济和社会研究理事会(ESRC),曼彻斯特大学的 ESRC 创新和竞争研究中心(CRIC);经济和社会研究理事会(ESRC,Economic and Social Research Council)与工程物理科学研究委员会(EPSRC)的 Bruce Tether 与英国高级管理研究学院(AIM)Ghoshal Fellowship 项目;瑞典创新系统机构(Swedish Agency for Innovation Systems);瑞典工业设计基金(Swedish Industrial Design Foundation);Rekarne 瑞典储蓄银行基金;基础学科投资基金(Fund for Investments in Basic Research,FIRB)的“技术转让多维实现方法”项目,与国家利益研究计划(Research Programs of National Interest,PRIN)的“意大利设计系统”项目,意大利教育、大学、研究部;以及欧盟“欧洲价值网络”项目。

许多同事和学生也为我们提供了宝贵的帮助。Jim Utterback 在此对麻省理工学院技术项目的学生 Peter Grant 和 Eduardo Alvarez 为本书所做的研究工作表示感谢。在 Jim 在英国休假期间,剑桥大学贾吉商学院(Judge Business School)的院长 Dame Sandra Dawson 和 Nick Oliver 教授也提供了相关研究资源和热情的接待。我们的研究也得益于 Ekhard Salje 教授邀请 Jim 作为剑桥访问学者的访问、剑桥大学 Clare 学院的资助以及 Elizabeth Garnsey 教授的鼓励。书中的许多想法是在与已故的《金融时报》的 Chris Lorenz、宾夕法尼亚大学的 Al Lehnerd、东北大学的 Marc Meyer 的对话中迸发的。还有一些其他的启发来自麻省理工学院、沃顿商学院 Russell Ackoff 教授的讲座以及 IDEO 的 Tim Brown、iBOT™ 的 James Dyson、Dean Kamen 等人。剑桥大学贾吉商学院竞争力和创新中心的 Alex

Balkwill 女士和麻省理工学院斯隆管理学院的 Carolyn Mulaney 女士在准备文本、表格、作者简介和备注方面也提供了大量的帮助。

Bengt-Arne Vedin 在此对 Hans Rausing 教授表示感谢,在整个项目过程中,他们之间的讨论极具启发性,同时也感谢 Marcus Seppälä 为附录 B 做的贡献。

Susan Sanderson 在此感谢 Mastafa Uzumeri 对"设计经典"这一概念的提出和早期的工作所作的贡献。而 Bruce Tether 在此感谢曼彻斯特大学创新和竞争研究中心(CRIC)的主任支持他的研究合作。Eduardo Alvarez 在此感谢 IDEO 波士顿工作室的主管 Dave Privitera 和 Douglas Dayton。2002 年 Roberto Verganti 引荐本书的全部作者认识了来自米兰理工大学设计学院的 Ezio Manzini 和 Giuliano Simonelli、米兰 Artemide 公司的 Carlotta De Bevilacqua 和 Ernesto Gismondi 以及独立设计顾问 Michele de Lucchi。这些访谈在各自的项目阶段都非常重要,也感谢 Alessio Marchesi 和 Rossella Vacchelli 两位学生在此期间的参与。

梅拉达伦(Malardalen)大学创新、设计和产品开发学院的学生们为综合运动轮椅项目提出了大量的想法和模型。Sten Ekman 和 Susan Sanderson 从匹兹堡大学 Rory A. Cooper 教授、领先用户、产品公司经理 Bob Hall、Jalle Jungnell、Bo Lindkvist、Tommy Olsson 那里得到了巨大的灵感和帮助,他们帮助我们更深入地了解轮椅的设计过程。我们同时也感谢 Segway 产品开发副总裁 J. Douglas Field 为 iBOT 的发展所给的建议。

2001 年,鲁汶大学(University of Leuven)的 Koenraad Debackere 教授为我们以及国际产品开发会议的一同召开提供了热情的招待。我们的学院与我们的工作伙伴 Peggy、Gull-May、More、Annalill、Silvia、Arthur、Francesca 也对我们的工作和会议给予了极大的鼓励和热情的安排。我们感谢所有的合作伙伴、同事和朋友们的帮助。

我们还非常感谢本书杰出的编辑 Scott Cooper,在他的帮助下,我们成功地完成了此书。这个项目涵盖了诸多的作者及其观点和看法,以及不同的文化和语言习惯,这对编辑提出了巨大的挑战。除了解决出版有关的诸多技术问题,为了确保我们每个人最终语言风格的统一,Scott 一直耐心地与我们交流。他用循序渐进的方式,帮助我们贯穿各章的主题,使得我们的讲述更有逻辑。他为了使此书更加清晰易懂,一直与我们讨论一些字词、术语的意义和细微区别。

最后，我们感谢参与访谈的设计公司和其他组织的员工。我们非常感谢你们投入的时间和精力。IDEO 在波士顿、旧金山、伦敦的代表和 Design Continuum 公司在波士顿与米兰的代表都参与了我们的访谈。其他接受访谈的美国设计公司还包括 Altitude、Bleck Design Group、Herbst Lazar Bell、Manta Product Design、麻省理工学院媒体实验室和年龄实验室、Synectics、9th Wave、Product Genesis、Product Insight 和迪士尼公司；参与访谈的意大利公司包括 Artemide、Flos、Alessi、Kartell、B&B、3p3più、Snaidero、Mantero、Ferrero、Bang & Olufsen、LEGO®、Michele De Lucchi、Makio Hasuike 和 Future Concept Lab；参与访谈的瑞典设计公司 A&E Design、Caran、Ergonomidesign、formbolaget、formtech、Go Solid、Hampf Design、Myra、No Picnic、Nya Perspektiv、Peekaboo Design、Propeller、Reload、Semcon、stilpolisen、Struktur Industridesign、Ytterborn & Fuentes、White Design、Zenit Design、Angpanneföreningen。Electrolux and Softronic 公司的室内设计工厂也参与了我们的访谈。此外，一些设计公司的客户也参与了此次访谈，这其中包括 ABB Robotics、Artemide、ETAC、INSU Innovation Support、Tedak、the Swedish Telecommunications Museum/Telia ResearchAB 和 Senseboard。

作者简介

James M. Utterback，麻省理工学院商学院管理学与创新学 David J. McGrath jr (1959) 教授，工程学院工程系统教授。瑞典皇家科学院成员和阿贡 (Argonne) 国家实验室理事会理事。

Bengt-Arne Vedin，瑞典梅拉达伦大学创新管理学教授，瑞典皇家科学院工程学科、瑞典学会国际事务、瑞典语言视觉通信学院、世界艺术与科学学院成员。

Eduardo Alvarez，麻省理工学院本科生，研究方向为高效创新的创造力管理。目前兼有设计师和企业家的身份，担任他所创办的 VIGIX 有限公司主席。

Sten Ekman，瑞典马拉达伦大学创新、设计和产品发展部工业人体工学博士。曾被授予"瑞典 2001 学术领导年度企业家"(The Entrepreneur of the Year in Academic Leadership in Sweden 2001)，并且凭借 Malardalen 创新管理项目获得"瑞典 2000 年度企业家项目"(The Entrepreneurial Program of the Year in Sweden 2000)。从 2005 年开始一直担任国际级四年制项目"乌克兰的大学商业发展中心"的负责人。

Susan Walsh Sanderson，纽约伦斯勒理工学院 Lally 管理学院副教授。曾被授予"波音杰出教育者"(Boeing Outstanding Educator Award) 和"教育创新 Hesburg 奖"(the Hesburg Award for Educational Innovation) 的称号。

Bruce Tether，曼彻斯特商学院创新与竞争研究中心，创新管理与战略管理教授；英国管理研究高级研究所成员。

Roberto Verganti，米兰理工学院管理学院创新管理及设计系教授，MaDeIn实验室（米兰理工学院MIP管理学院的市场营销、设计和创新实验室）主任。欧洲高级管理研究所科学委员会成员，Boston设计管理学院顾问委员会成员。2001年作为科学组织委员会成员参与Sistema Design Italia项目，荣获意大利最负盛名的设计大奖"金罗盘奖（Compasso d'Oro）"。

目　录

第1章

何谓优秀的产品

设计驱动的产品能够愉悦顾客，这种产品重视简洁、优越的操作性，并剔除其中无用的部分和组件。如果一个产品的用途一目了然、使用简便，那么它将会在同类产品的竞争中脱颖而出。优秀的产品不管历经了几代的使用者，其重要性与价值都会不断提高，它能够抓住用户的心灵，使受众的生活更加舒适、快乐、有趣。真正的好产品是在同类产品被当成垃圾丢弃后仍被客户长期使用的产品。

设计驱动的产品必须有高度的创造力，无论这种产品是专业工具、生产机械、消费品甚至是服务，都要求将顾客的体验这种抽象的感觉融合到技术这种具体的实物中。实际上，很多产品的成功源于其将提高产品价值的软件和服务与产品本身联系起来，最终令顾客印象深刻的是产品和服务一体化所给予的满足感，而并非触发这种体验的设计本身。

大部分的创新都是沿着公认的"提高性能、降低成本"这种轨迹，但设计驱动的创新产品会扩大和改变其性能边界、有用性、产品意义。在市场上获得巨大成功，进而从根本上改变企业竞争优势地位的产品设计是极其少有的。当今社会，人们的期望已经不仅仅拘泥于高性能、高品质、低成本的产品，事实上，有的时候极其完备的性能指标已不再成为成功的必备要素。要想实现令人为之倾心的设计和创新就必须不断追求卓越与精致，卓越是体现在充分的产品性能中的。精致，或者说是出众的气质是由产品的设计衍生出来的，它体现在产品的简单朴素之中。

用户要求的不是"广"而是"精"，即期待有一个能很好地契合他们自己需求的产品。当下，伴随着新材料和软件的普遍利用，产品零部件的提供也越来越丰富，这预示着一个发挥更强创造力、实现更多组合的时代的来临，同时，竞争也愈发激烈。模块化使得我们可以为更小的市场，甚至面向一名顾客进行产品设计和生产。后文将以"新理念的马鞍"为例,详细介绍这个内容。

设计驱动的创新似乎被认为是针对发达国家的高端顾客,但实际上,我们认为事实并非如此。设计驱动的创新就是要生产出对顾客有意义的产品,而世界上大部分人正是以实现人性化且符合社会道德规范的生活为目标,他们不仅仅满足于生活必需品。此外,我们对那些不仅对于顾客有意义,还能减少资源浪费并能够融入我们的自然及文化环境的产品越来越关注。对于发展中国家来说,尽管部分人群还在为基本的生活而努力,但也有越来越多的人群渴望享有发达国家已有的产品和服务。越来越多的产品追求的是简易而非纷繁杂乱的特性,同时也提供优越的操作性以及剔除无用的部分和组件。

IDEO 的蒂姆·布朗主席为糖尿病患者发明了可以低价提供因苏林的一次性笔形注射器就是一个典型的案例。后文中我们还会介绍可以用于紧急避难的庇护处和减少垃圾排放量的食品包装纸。麻省理工学院(MIT)的老年实验室等组织还正在研究能给年轻顾客和老年顾客都提供精彩体验的产品。

我们认为卓越而精致的设计驱动的产品会拥有更高的收益和更长的时效性。当然也有一些对于设计的担忧,正如 Christopher Lorenz 在 1986 年所指出的:

> 问题是,美妙的事物不一定取得成功,杰出的想法也不一定能通过实践的检验。在很多企业里,如果全球化战略进展不顺利,马上就会产生抵制工业设计的力量。如果那样的话,设计就会被推入仅仅是"表面功夫"的黑暗时代,而企业也就失去了有价值的差异化特征。Theodore Levitt 就认为这种差异化对于在全球化的竞争时代背景下的企业是至关重要的。[1]

具有讽刺意味的是,那些最好的产品也可能是即将消失的产品,比如台灯、音乐图书馆、轮椅或者一个污水处理系统。所有这些,我们都将在后面的章节中详细介绍,去探寻究竟是什么让这些产品精致而出众。

设计,特别是企业内其他职能、企业战略与设计的融合对于赢得市场竞争是十分重要的,而在此前的研究中这一点很少受到关注。正如 P&G 公司的 CEO A. G. Lafley 所说：

> 我在这个行业工作了大概有 30 年了，它一直是依据职能开展各项运营活动的。设计应该向什么方向发展？在宝洁，我们想创造购买体验——我们称之为"真实的瞬间"，也就是想设计出与产品相关的各种要素、交流经验以及客户的体验。[2]

设计究竟应该怎样发展？我们认为，设计应该从创新过程的初期开始，它并不仅仅是将产品看作是简单的加工或者组装的过程，而要将产品使用方法和生命周期的整体状况进行综合考量。

什么是设计驱动的创新？它与竞争优势有什么联系？

认识并理解"设计驱动的创新"重要性的企业越来越多，尤其是那些追求持续的高产品价值的企业。这些企业为了达到这个目标，愿意去承担这种追求涉及驱动创新过程中由复杂性且不确定性带来的巨大风险。

那么，设计驱动的创新到底是什么？它怎么创造出竞争优势呢？要回答这个问题，我们有必要认同"设计是功能和形式的集成创新"这个广泛认可的定义，并依据图 1-1 所示的框架将其稍作调整。

图 1-1　设计是技术、需求和语言的整合
引自：Verganti，2003。

图 1-1 描述了创新过程中三种关键的知识——关于顾客需求的知识、技术性机会的知识、"产品语言"的知识。"产品语言"是指为了向顾客传达

产品信息而使用的各种各样的标识,以及顾客赋予那些标识以意义的文化背景。在典型的关于功能与形式的辩证中,设计师认为形式就是产品外观的美感。确实,产品开发的焦点往往集中在是重视功能还是重视外观这一点上,这在外观竞争非常激烈的家具及照明行业显而易见。但正如图1-1所表述的,优秀的设计不仅要在功能和满足顾客需求方面出类拔萃,同时还要赋予产品某种意义。

在设计驱动的创新中,技术、市场、产品所具有的意义这三者之间的平衡是至关重要的,也是与其他产品的重要区别。这三者缺一不可。这种平衡的掌控是来自于对未来的认识,在第4章中,我们将体现这种平衡的设计称为"理想的设计"。

除了功能之外,对于顾客来说,真正重要的是产品的情感价值、象征价值,也就是产品所具有的"意义"。如果说功能是满足顾客实用上的需求,那么产品所具有的意义就是满足其情感上以及社会文化的需求。正如 Virginia Postrel 所说:

> ……只能通过确定设计的界限来缓和美学冲突。也就是说,每个人都是特别的,每个人喜欢什么,会对什么做出较高的评价是无法用审美原则进行推断的。我们有必要重温 Adam Smith 的观点:首先必须承认专业化的重要性,其次要理解"众多用户存在的市场并不是一个仅需要大量同质产品的市场"。如果超越了适当的设计界限……就必须要接受多元化。[3]

Lorenz 指出,设计活动就如同拓展功能和创造意义的综合体,重要的是要平衡这两者的关系。

企业怎样才能实现设计驱动的创新?怎样才能定义可以在市场上取得成功的"新意义"?要回答这两个问题,首先就要了解什么是创新。创新是"生成知识的过程和整合知识的过程带来的结果"。

产品和服务的设计不是企业内部孤立的职能,而应该动员企业内部的所有要素围绕"顾客体验"一起工作。顾客体验开始于最初接触到产品的瞬间(有可能是商品展览,也可能是广告),直到产品生命周期截止或者说是到服务终止,它包含在这一过程中顾客与产品的所有互动。也就是说,产品本身只不过是顾客体验的一部分,甚至有时候只是很小的一部分。因此,产品设计团队必须拥有诸如财务、营销、服务、物流等多样的知识。

Business Week 杂志的一篇文章中提到："经济由'规模经济'向'选择经济'发展,随着品牌忠诚度的逐渐淡化、大众化市场的隐退,对于企业来说,提高'顾客体验'至关重要。"[4] 这种变化可以在 IDEO 等诸多设计公司的表述中体现出来。IDEO 的 CEO Tim Brown 在 MIT 的演讲中说道："我们公司先前从产品设计转向服务设计,现在又在向产品和服务的顾客体验设计进行战略转型。"

P&G 是 IDEO 最重要的顾客,IDEO 现在又在尝试超越产品、服务、顾客体验这一框架,以帮助 P&G 实现更多的创新。P&G 的 CEO A. G. Lafley 欲将设计植入到企业 DNA 中:

> 我认为让世界转动的是"价值"。消费者愿意为更高的品质、更高的价值、更好的设计、更好的性能、更好的体验支付更高的价格,这一点已经在很多领域得到了证实。我们与零售商沟通时最重视的就是,希望它们理解价格虽然是价值的一部分,但大多数场合并不是其确定性的因素。[5]

产品设计者应该成为顾客体验的设计者。第 2 章中介绍的苹果 iPod 可以说是个很好的例子。iPod 自身的工艺设计很优秀,这一点自不待言,但是其最大的竞争优势是与顾客体验的无缝整合,例如 iTunes 的接入让用户可以购买更多的内容服务。更让人惊奇的是,iPod 提供了被称为"播客"的最新服务,此项服务既不是苹果设计的,也不是他们开发的,而是 iPod 用户群体基于苹果开放的内容提供标准及接入标准而创造的。现在,播客可播放实时新闻及各种广播,还可以提供其他各种各样的可能。

成功的设计大多都包含着各种能够提高用户体验的服务和配件。这些可以通过开放标准、用户社区等形式来实现,因为这将使得越来越多的用户或者合作方参与进来,进行产品设计。同样,设计公司也可通过设计那些消费者可以简单操作并通过使用相关配件和服务来拓展产品功能的产品,赢得市场竞争。

什么样的战略可以促进设计驱动的创新？

设计驱动的创新要求广泛地搜寻相关信息和稳健地进行相关尝试，以及在整个过程中了解顾客的反馈。模块化的设计使得各个模块之间可以进行更加方便的组合和实验，并且降低实验成本。因此，采用这种方式可以迅速地从失败中进行学习，从而也增加了最终的设计成功率。同样，可以提供更多实验模型的设计公司比起集中在一种方法上的公司要成长得更快。模块化设计是大规模定制的前提条件，顾客可以按照自己的偏好去选择那些可以互相连接的模块。正如 Joe Ping 所说，最具独创性的企业可以通过可视化技术让顾客提前观看到自己选择的产品和服务的组合的效果。[6] 我们将在第 4 章讨论此点。

把重点放在探求和验证上

显然，设计驱动的创新囊括更多的探求和验证的过程，而不是按照明确的计划展开行动。卓越的设计是要针对特定顾客的需求提供多种可能性，或者让这些顾客在市场上快速试用并校正相关设计。"1999 年 Scherer 的研究表明了由创新带来的利益不是平均分布的。实际上，产生大幅超出平均利益的创新只有很小的一部分，这正如引用率很高的学术论文数量少，带来巨大收益有关的专利也相当有限。相对于颠覆式创新，尽管渐进式创新带来的收益更为均态，但是这种结论带来的影响非常重大。正如 Scherer 所说，创新成功的概率如同中彩票一样。创新需要投入，就像买很多彩票可以提高中奖概率一般，但是也并非单单增加投入就一定会成功。"[7]

我们认为，比起要素、部件层面，系统层面的创新会产生更大的价值。最具影响力的设计是架构式设计和模块化设计。这两种设计不是简单追加新的构成部件和要素，而是创造构成部件、要素之间的新的组合和连接方式。特别是架构式设计，它扩大了产品用途或者开辟了新用途，从而能迅速扩大市场。

功能的创新很少以颠覆式的新技术为基础，大多都是通过对现有部件进行渐进式改良以及在已有的架构下进行延伸。因此，用新视角和新方法对"现有产品"进行重新审视有很大的潜在价值。

下面介绍一种新的设计——不仅为骑手,也为马匹设计的马鞍,这个案例可以说明很多我们在本书中阐述的观点。

为"骑手"和"马"设计的马鞍

大多数马鞍都是以至少 500 年前确立的形式为基础的。由于这种设计不能够分散人体的重量,大约六成的马的背部都有伤病,使得这些马的寿命非常短。我们在瑞士的调研在机缘巧合下所发现的这种马鞍,则是用一个全新的理念来应对这个问题的。

Linear 公司与斯德哥尔摩的 Propeller Design 公司共同创造了全新的马鞍设计理念。他们设计出一款既符合马匹自身的脊椎结构,又符合人体工学的"马背模块化马鞍系统",这个系统采用了新的材料和工业生产过程,其创新设计在这一保守的产品领域开创了历史先河。

这个设计的出发点是,将骑手和马匹纳入到一个"系统"中。也就是说,马鞍应该是可以根据马匹及马的负荷进行调整的,骑手的体重能够在尽可能大的区域均匀分布,防止阻碍到马匹的血液循环。

Linear 公司的马鞍由保护马背的下部和符合骑手及其骑法的上部构成的模块组成(见图 1-2),因此骑手可以根据竞赛的科目更换马鞍的某个模块,这样就没必要更换整个马鞍,从而也省去了大量的开支。马鞍的下部(马用模块)不用以往的皮革,而是采用轻便的碳素纤维,仅有 2 磅的重量。这种材料的生产成本低廉,还能够实现马背压力的均匀分布,同时也改善了马鞍的透气性。这种产品的最大优势就是:能让马匹快乐而健康。

这个设计展示了模块化、定制化、系统思考之间的融合,创造出了马匹和骑手都很满意且舒适的马鞍,使顾客对其青睐有加。

企业的全部战略应该集中在"使顾客感到愉悦"上,这一点极其重要。在当今的全球化竞争社会,如果能够提供现有产品无法提供的"愉悦",即使是新公司也能较容易地将其他竞争对手驱逐出市场。"愉悦"不仅要求产品简单和可靠,它还意味着这些特性有"1+1>2"的综合效果。

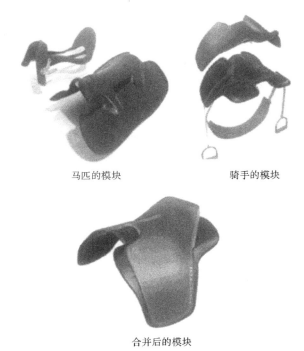

马匹的模块   骑手的模块

合并后的模块

图 1-2 为骑手和马匹设计的马鞍

为什么简单性是给顾客带来愉悦的关键

如果企业忽视了产品设计的简洁和精致,那么它就处于危险之中。我们的生活出奇的复杂,复杂的东西让人充满压力。现代生活就如由工作、家庭、人际关系、兴趣、教育、健康、生活费、遵守规则、期待、税收等变量组成的回归方程一般。要控制这些"变量"已相当困难,而要使其朝着我们期待的方向发展就更不容易了。使产品简单化可以减轻这种负荷,会带来让人愉悦的基础。使用方法简单的产品使得我们可以专注于它的使用。

既然这样,为什么大部分的产品和服务都不够简单呢?为什么一款新的数码相机会有 200 多页的使用说明书?将产品复杂化主要是因为它可以"补装"设计的不足,或者说将其隐藏起来,所以设计者很容易误入歧途。正如建筑家或许可以用装饰板条、材质、色彩等掩饰缺乏创造性的住宅设计。Rust、Thompson、Hamilton 曾指出:"功能过剩会损害产品的有用性。这一点已经在研究中得到了证实。"[8] 同样,产品设计师为了隐藏设计的基本缺点,常会追加一些功能和装饰品,例如:在家里用有环绕立体声音响效果的设备看电影就和在体育馆内看电影一样,这种设备到底有什么意义呢?

　　恐怕"技术工作者无法抵制给现存电子产品追加功能的冲动吧。因为他们忽视了由追加功能带来的低实用性这种无形成本"[9]。也就是说,设计师易将美感、气质等特性与追加功能、装饰品混为一谈。"一旦使用某产品,其体验将改变消费者的喜好……本来预想到具有吸引力的地方在实际中并不是那么"闪光",反而使得消费者真正在面对起初期待的丰富功能时,手足无措、犹豫不决。"[10]

简单的重要性:两个搜索引擎的案例

　　通过对因特网上两个代表性的搜索引擎雅虎和谷歌的比较,我们可以体会到简单性的力量和魅力。雅虎提供广泛的分类系统,而人们一旦开始搜索,很容易遗忘最初是为了什么而搜索。雅虎强迫使用者阅读很多链接、广告和不必要的信息。相比之下,谷歌提供的则是一种聚集、直接和简单的用户体验。

　　谷歌能够实现这种简单性,部分得益于企业刚开始成立时就追寻的开发搜索引擎产品的方法。谷歌的创立者之一 Sergey Bin 说过:"开始研发的时候,我们公司没有网页管理员,所以有了简单的界面。我们确认这对快速搜索有很大作用,所以就继续采用了那种界面。因为当人们想要快速获得想要的信息时,并不想在网络界面上磨蹭。"谷歌不想过度制作网络界面,故而保持着小规模的研发团队。

　　正是由于其简单可靠的界面,谷歌在美国网页搜索业界获得令人震惊的市场占有率。根据 2005 年 7 月美国 Nielsen NetRatings 调查公司的调查,有 54% 的网页使用的是谷歌搜索。[11]而雅虎却仅有 23% 的利用率,以较大的弱势位于第二,尽管雅虎的企业规模较大,拥有的资源也比谷歌丰富。此外,2003 年的一个调查的结果也证明了用户对简单性的青睐。英国 Interbrand 调查公司的调查显示,"在以全世界 1315 人为对象的投票中,谷歌因其以最少的画面为网络冲浪提供最强有力的搜索路径而居于首位"[12]。

　　谷歌的简单性并不仅限于搜索引擎的用户界面,也反映在该公司的技术和商业模式上。所有东西都基于"用户期待的就是尽快获取他们想要的信息"这一点设计而成。

谷歌至今也会面对"保持其简单性与获得高成长"这个两难的境地。《商业周刊》杂志评论道:"谷歌正推广着很多新功能,其秉承的用户界面正面临着巨大挑战。谷歌不变的一点就是一直在改变。这5年间,从业人数从100人上升到4200人,营业额从1900美元飞跃至30亿美元。而且,谷歌提供的服务从单纯的网络搜索到电子邮件、地图、即时消息等数十种功能。虽然采取了这种滚雪球式的扩大方式,但以最小主义而知名的该公司的主页仍保持着与曾是仅有1‰的市场占有率的新型搜索引擎公司时一样。"13

即使企业通过简单性取悦了顾客,但对它们而言,想坚持简单这个原则是很困难的。哪怕是因为自己设计的产品具有简单性而取得了最初成功的企业,也表现出其二代产品复杂化的倾向,这仿佛就是一种自然趋势。其结果就是被眼前的利益所蒙蔽,丧失了长远利益,这种案例并不少见。

新英格兰的村落如此令人神往的原因是它们在各个方面都有限制。村里的建筑彼此非常接近,这是用以克服被荒野围绕的无奈之举。建筑物采用了木头、钉子、砖、石材、灰浆、玻璃之类的最简单的材料。正是在材料、知识和时间的制约下才产生了它的风格。

——Howard Mansfield14

Windows操作系统、QuickBooks软件、PalmPilot数码助手等,这些例子不胜枚举。这些产品因为使用简单而成为业界杀手,但其研发公司都背负着发展的压力,迫使设计者设计出比当初更复杂的二代产品,也就是说生产出"多余的装饰品"。系统工程师讽刺这种现象为"第二系统综合征"。这是指初期产品获得成功后,想赋予其二代产品以人人都喜欢的想法和功能,结果反而最终成为令人觉得很冗余的东西。

想要忠实于简单性原则的设计者必须认识到遵守规律的必要性,以避免追求短期高营业额的增长而导致后期营业额下降。Reed和他的同事指出,BMW的仪表盘正是由于具有过多的选择、过度复杂才导致2005年营业额下降了10‰。15在第4章我们会详细论述,现在大部分的发达国家都面临老龄化,在这样的背景下简单性原则更加迫切地需要被重视。

创新过程是怎样发展的?

本书的所有论述都指出企业内和业界内的创新过程已发生了变化,无论这些变化是有利还是有弊。正如制造外包通过一个多世纪的时间被慢慢认识一样，对设计的认识也有成长趋势。一旦财务业绩压力增大，企业就会将那些看起来没有竞争优势的业务外包出去。就连我们访谈的各个设计公司都异口同声地说设计协议呈增长趋势。鉴于产品开发产业的成长，设计合作将是一个巨大的市场。[16] 就连设计公司自身，为了获得自己没有的能力，也会通过设计协议寻求外部帮助，以美国和日本为首的各国，都在增加利用外部设计的服务。[17] IDEO 的 Tim Brown 于 2006 年年初在 MIT 的演讲中指出："现在的合作，正从以一个公司为中心的小型合作关系向组织化、系统化的企业群体的合作关系开始转变。"

Henry Chesbrough 在"开放式创新"的研究中提到"创新从企业内封闭的过程转向依靠多数知识来源的开放过程"，并指出，"企业可以从顾客、供应商、大学、政府研究所、企业联合会、顾问甚至是新创企业等处获得关键的知识"。[18] 运用"联发"（connect and develop）的概念，P&G 的 Larry Huston 和 Nabil Sakkab 就展示了 P&G 仅仅在 5 年内是如何将运用外部创意进行产品开发的比例从 15% 上升到 35% 的。其最终目标是达到 50%。在该公司，研发效率提高了大约 60%，创新的成功率也提升了两倍。[19]

产品开发公司的企业顾客深知他们的竞争对手正在从设计公司等不同渠道获得技术。因此，一些企业就开始通过设计合同来获得竞争优势。然而，在以营造竞争优势为目标的共同设计过程中产生的双向技术转移，有些是很明确的，也有些是难以确认的。在产品设计期间，顾客企业和设计公司双方互相学习这点是毋庸置疑的，但是学习内容却很难明确把握，而无法确定学习内容就不能通过知识管理实践来对这一现象进行深入剖析。正如本章开头所述，我们看到的是由顾客、设计公司、顾问等非常多的参与者组成的网络型的创新过程。通过开放标准和产品开发的开源创新可以扩大这个网络，那些有助于小团队、小组织设计能力得到增强的精密设计工具（CAD 等）也可扩大这个网络。

企业更加倾向本地搜寻，而本地合作者的多样性和联系也会促进创新。创新的源泉不是均匀分布的，而是集中在具有高度需求和专业性知识的少数地区。在一些情况下，这种"集群"可能会分散，也有可能虚拟化，但即使是这样，它们内部参与方之间很强的连接和互动仍然是其重要特征。供应商和顾客比较集中的集群使得设计公司更加活跃，反之亦然。对于存在于其中的任何一个公司来说，集群的环境都是一样的，然而与其他参与方的接触频度和联系强度是不同的。如图 1-3 所示,成功的设计公司在设计过程中会包含顾客企业和供应商共同的参与。同时,这些设计公司的企业文化和行动模式都与顾客企业有较大的差异。而正是因为这样,这些设计公司在产品开发方面可以为它们的客户提供新的观点和方向。

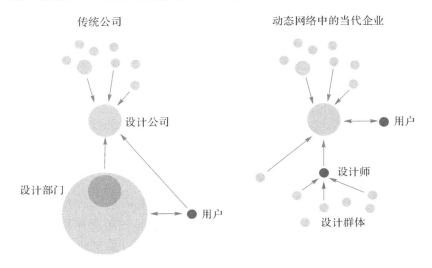

图 1-3　传统设计公司朝着网络和设计服务方向发展

　　总而言之,创新过程较之以前更网络化,顾客、设计公司、供应商等参与方的数量也越来越多。开放标准和开源创新的使用使得边界概念越来越模糊。现在很多设计公司都提供新产品的设计,有时甚至是针对全部产品的一条龙服务。也就是说,除了产品设计,这些设计公司也为产品制造者提供材料、零部件的选择、调配,甚至是市场营销等服务。

本书的构成

　　我们将通过整本书来更加详尽地介绍上述的全部观点。

　　第 2 章"创造设计经典"将展示精致的"设计经典"所具有的共同特征。在这些特征中最常见的是创造正式或者非正式的用户群体和产品的延伸群体。这一章还将分析优秀设计的经济价值。我们注意到一些产品之中仅仅5％的系列型号却创造出绝大多数的利润。这种经典的系列型号在市场上的存活时间往往是其他产品的两倍。

　　在第 3 章"功能和设计的整合"中,我们认为关于创新经济学与技术进步的研究过于聚焦于密集型的活动。这一章讨论的焦点是设计活动,特别是以往"研究和开发"(R&D)这一术语忽视的产品设计活动。本章大部分是基于对英国企业的访谈调研。英国对"沉默设计"这一活动投入了相当大的精力。我们发现经济表现与广义的设计之间存在一种正相关关系,这一点非常有趣。

在第 4 章"管理设计过程"中,我们将介绍关于独立的设计公司发挥着越来越重要作用的具体事例。随着考察的深入,我们发现这种企业会促进美国企业的创新。在上一个阶段技术领先的企业通常会在下一阶段折戟于新兴企业,这一现象十分普遍。那么设计将给这种接力棒形式的企业竞争带来怎样的影响呢?我们应该从那些以产品架构和模块入手取得系统整体设计的成功案例中学习些什么呢?通过与顶尖工业设计公司的访谈,我们将会详细介绍创新项目是如何开展的。

在第 5 章"设计者的工作"中,我们将从瑞典的设计顾问公司学到一些经验,其中的一些将"从梦想出发"和"思考不可能的事"作为设计过程的一部分。瑞士的大部分设计公司会将创新服务整合到它们自身的工作之中,这些服务还只是设计公司能够提供的更为广泛的服务内容的一部分。在瑞典的调研使得我们可以以更广阔的视野考察设计过程。这种广阔的视野也是这些设计公司服务顾客的新方法,比如采用生命周期的分析方法,设计企业形象、企业战略、价值链,这些都是设计公司的服务项目。诚然,追求科学技术的飞跃发展是非常重要的,而从一些截然不同的产业引进相关知识对于设计公司的成功来说也是至关重要的。

在第 6 章"设计驱动的创新与设计对话"中,我们聚焦意大利。在设计密集型产业方面获得巨大成功的意大利制造商将其成功归结于他们掌控涉及驱动创新中的信息,这些信息超越了形式和功能。意大利的企业已经具备理解、预测乃至影响产品意义的这样一种能力。设计对话主要发生在"米兰设计系统"中,这个系统不是简单的资源依赖型的集群。米兰和伦巴蒂的设计师们解释着其他设计师、出版社、广告商之间分享的文化信号和刺激因素,并深受其影响。这一章的内容与其他章节也有很多联系,比如第 4 章中我们介绍的马萨诸塞州的设计公司和当地行业基础的互动;又如第 5 章中我们介绍的瑞典交通技术和工业工程系统。意大利的实践经验对领悟设计驱动的创新有着极大的作用,并且为本书的最后一章提供了纲要。

在第 7 章"通过设计扩大人类的可能性"中,我们以第 6 章讨论的"信息"为基础,并讲述一个设计影响创新的具体产品的案例。在这一章我们将介绍运动轮椅。对于残疾人来说,轮椅是具有特殊意义的工具。通过叙述,我们将会看到运动行业对于功能和零部件、设计特性、首次使用和测试的要求是如何"溢出"到像普通轮椅这样一种产品之中的。随着世界范围内人口的老龄化,可以预见这种轮椅的需求也会逐渐加大。除此之外,这个产品的设计还宣告了"为什么残疾人就必须放弃运动"这种理念的失效,精致的设计使运动成为可能。

在第 8 章"视觉和可视化"中,我们通过介绍设计公司通常使用的各种设计过程来阐述设计优秀产品在实践中的变化。现如今,"形式服从功能"已不再适用。然而,可视化和形式依然是设计和设计工作的核心。通过草图能够进行有效的沟通并激发大胆的想法。可视化可以作为一种互补的分析工具,而电脑的出现以及人脑如何运作的相关知识为精致的产品和服务的出现提供了全新的机会。

我们写这本书的目的是促进设计工具和实践活动的普及。实践活动主要包括制造企业与设计企业为创造杰出的产品而形成的有效合作。因此,在本书的最后,我们阐述了一些对评价、预测产品开发和设计过程效果有益的指导方针。

尾注

1. C. Lorenz,1986(1990 年修订),p. 141;引用于 T. Levitt,1986,p. 128.

2. 援引自 J. Reingold,2005,p. 56.

3. V. Postrel,2005,p. 146.

4. B. Nussbaum,2004.

5. Reingold,2005.

6. B. J. Pine Ⅱ,1993.

7. M. Dodgson, D. Gann, and A. Salter,2005,p. 16.

8. R. T. Rust, D. V. Thompson, and R. W. Hamilton,2006,p. 100.

9. Rust,Thompson,and Hamilton,2006,p. 100.

10. Rust,Thompson,and Hamilton,2006,p. 104.

11. 基于搜索提供者。

12. T. Datson,2003.

13. BusinessWeek Online,2005.

14. H. Mansfield，2000.

15. R. T. Rust *et al*.，2006.

16. E. Gilchrest，2000.

17. P. L. Grant，2000.

18. H. Chesbrough，2003，p. 40.

19. L. Huston，and N. Sakkab，2006，pp. 58-66.

第 2 章

创造设计经典^①

产品制造商必须生产很多不同的产品系列以满足市场细分的要求，并规避每个单独产品设计的不确定的市场前景。毫无疑问，他们势必会仔细识别和发展那些取得市场认同的设计。那么究竟有没有一些能够保障产品设计取得成功或导致失败的因素呢？

学术界围绕这一问题至少进行了 40 多年的探索。很多研究关注那些使得新产品获得成功的要素，比如顾客满意度、产品的新颖性、研发过程的效率问题，也有研究关注那些导致新产品失败的要素，比如对市场的判断失误、竞争对手的行为、技术问题等。[1] 众多证据表明，没有任何一个单一的因素可以影响产品创新的结果。如果要取得成功，企业应当综合考虑一系列因素，并针对其制造的特定产品（产品特性）选取最有效的目标和方法。这就好比，当我们都认同"每个产品都应唤起潜在用户的价值感知"时，却很难在"哪些设计特性能够创造这种感知"上形成统一的见解，而用户对价值的定义是与每个单独的产品设计及其潜在用途息息相关的。尽管这些关于成功和失败的要素对于实践中的创新管理者有一定的启发，但是对于我们理解成功创新的模式却是不够的。

越来越多的学者运用详尽的产业案例分析去揭示相关的模式。从这些研究中我们可以发现，新产品的开发是在一种明确的规则下进行的一系列复杂的过程。

① 本章根据 S. Sanderson 和 V. Uzumeri，1997，Chapter 9，并做了较大的修改和扩充。

一些研究的启示

现在已经有一些详尽的产业案例分析给予我们关于上述问题的一些启示。Abernathy 和 Utterback 基于早期对汽车产业创新的研究，提出了"主导设计"的概念。[2]Maidique 和 Zirger 的研究表明，企业在创造一个成功的产品设计过程中至少会失败一次，以汲取设计与市场互动过程的信息。[3]Von Hippel 指出"技术使用者"（users of technology）在促进创新过程中的重要作用。[4]Henderson 和 Clark 对半导体装备制造业的纵向研究描述了设计惯性（design inertia）是如何阻碍前期的领先企业转向研发或采用新的、更好的技术的。[5]Christensen 提出：当一些并不那么杰出的技术或者"破坏性技术"（disruptive technology）能够以更多的功能满足用户需求时，那些新创立的企业会跌入沿着传统的路径追求产品绩效的陷阱。[6]Von Hipper 认为随着时间的演进，创新的来源会向"使用者"转移——这也是我们的出发点。在这里，我们认为"使用者"的范围应该包括设计公司和创造性的群体（用户创新）。[7]

有一些产品本身就是生命周期比较短的，不存在长期销售的可能，而另一些产品却有可能得到市场长期的认同。有一些公司运用"系列发展模式"，在产品设计方面既能利用又能抵挡市场的不确定性，从而延长了本来"短命"的产品，比如随身听、便携式电脑、计算机工作站。每个产品族都包含着很多的系列，其中一些系列很快被替代，而另一些却在很长的时间内屹立在市场上。

某类产品的系列过少会使那些采用先进材料和运用价格战的竞争对手获得竞争优势，系列过多又会给用户造成困惑，因为用户很难从同属一个产品族的系列之间辨别出差异。企业必须达到一种平衡，即恰当的产品系列覆盖面，这些系列既能采用先进的技术又不会给消费者造成辨别上的困扰。很少有企业能够做到这一点。而在我们的印象中，苹果公司的 iPod 和 Artemide 公司的 Tizio 台灯是其中的典范。这两种产品也使得这两家公司获得了巨大的成功。

设计经典

一些产品系列——Sanderson 和 Uzumeri 将其称为"企业经典（business classic）"[8]，我们称之为设计经典（design classic）——可以长期屹立在市场上并成为那家企业获得成功的重要原因。设计经典对于企业的整个产品族的发展有着重大的影响，甚至影响整个产品类别的设计趋势。

我们有必要在此区分一下设计经典（a design classic）和经典设计（a classic design）这两个概念。后文将详细介绍的马自达的 Miata 这款汽车是一个汽车的设计经典，而 1955 年的斯蒂贝克（Studebaker）则是小轿车的一个经典设计。尽管斯蒂贝克很精美别致，在设计者和设计评论者之间也会为之进行激烈的争论，但它并不是畅销车。设计经典是要"长寿"的。

一些产品由于其对于产业、市场、经济的历史重大影响而成为设计经典，例如 IBM 公司的 360 系列大型计算机、施乐（Xerox）公司的干式复印机和英特尔（Intel）公司的微型处理器。这些产品中有些在引入市场的初期时是具有革命性意义的。企业对颠覆式创新的关注是很好理解的，一个颠覆的设计会侵蚀竞争对手的市场份额和利润，创新者会享受到利润的增长、成本随着规模经济而降低，继而是源源不断的现金流。颠覆式的设计会激发出某种新的产品族或产品类别，进而引发新一轮的竞争。

什么是产品寿命？

产品寿命这一术语使得讨论长寿的设计更为复杂。当我们谈及延长产品的生命周期时，我们用以测量的标准是什么？产品本身可以代表一种技术、品牌、某种设计，甚至是某种特定的样式。在一些特定的情境中，"寿命"一词包含的是概念和设计，哪怕这种概念或设计可以在同种产品的不同产品系列，甚至不同产品中存在，例如含有米老鼠形象的所有产品。此外，"经典"一词也常常被与"美学"和"式样"等词相互混淆。在本章中，我们希望可以提供一个更为精准的定义。

与上述具有革命性的产品设计相比，大多数的新产品都很普通。尽管普通，但其中的少部分也可与那些由技术突破带来的市场影响的产品相媲美。它们就是渐进性创新设计的典范。渐进性的创新设计至少包含两类。

第一类就是产品系统,即将最先进的技术与已有的先进技术进行一种新的配置。我们可以想想福特公司的 T 系列汽车。在技术上,它使用的是在当时汽车行业其他业者使用的技术,却在销售量上明显优于其他竞争对手。[9]同样进行这种渐进性创新设计的还有 IBM 公司的个人电脑、大众汽车(Volkswagen)公司的甲壳虫汽车,它们都在持续地更新和升级,并仍然对用户有着强大的吸引力。

另一类成功的渐进性创新设计包括那些长期存在于市场的产品,对这些产品我们通常称之为"经典"。这些设计除了在引入市场的初期,很少声称自己的技术新颖,但是它们与用户契合得非常紧密,以至于在很长时间过后它们依然在持续生产。这种例子包括柯达(Kodak)的自动放映机、哈雷戴维森(Harley-Davidson)的摩托车、罗洛德克斯(Rolodex)的旋转名片夹、李维斯(Levi's)的牛仔裤等。这些产品在某种程度上就是我们前文所说的符合"愉悦顾客"的标准。

在这一类的设计中,还有一些产品在几十年后仍然风靡,但它们的功能却几乎没有任何更新。这些公司之所以能够成功,是因为它们拥有管理少数系列产品的能力。此外,它们将其品牌概念植入到了这些产品设计中。在玩具业,这个被公认为产品周期非常短、竞争极其激烈的行业,却诞生了卡幼乐(Crayola®)的蜡笔和乐高(LEGO®)的积木这种留给几代人儿时美好回忆的产品。

卡幼乐(Crayola)在一百年前亮相市场时,其最初的包装是每盒 8 支蜡笔。这是由两个堂兄弟发明的。这种蜡笔最吸引人的地方就是无毒。其中一位发明者的妻子是一位小学老师,她意识到这种产品潜在的市场,但是他们没有人预料到之后的成功。时至今日,卡幼乐以 12 种语言在全世界 80多个国家销售,现在的包装中一盒有 8～120 支蜡笔可供选择,卡幼乐至今已经卖了几十亿支蜡笔。

尽管市场上还有其他生产蜡笔的竞争对手,但卡幼乐在管理其核心产品族方面取得了巨大成功,同时它也是世界闻名的品牌管理者。它的品牌标识至今还与最初亮相市场时一样,这样做的目的就是保持这种品牌的持续性。99％的美国人都知晓卡幼乐。据耶鲁大学的一项调查,卡幼乐在美国人"最熟悉的记忆场景"中排名第 18 位。

同卡幼乐一样,乐高(LEGO)也在管理其核心产品及品牌运营上做得相当出色。乐高在 20 世纪 30 年代的经济危机中创立于丹麦。从那时起,乐高经典的积木设计深入了幼儿园儿童的脑海之中，并至今记忆犹新。但乐高也为年龄稍大的儿童完善了产品线，补充了适合他们的新产品。尽管乐高在近些年遇到了一些困难，但在积木引入市场后的 70 年内，乐高实现了 1900 亿份积木的销售量，并成为欧洲最大的玩具制造商。

乐高和卡幼乐都精心保障其经典的产品的持续性和完善性，这些经典的产品才是它们品牌和企业成功的关键所在。它们都很谨慎地对其产品进行改良，它们相信顾客会与下一代分享对这些经典产品的喜爱与回忆。与此同时，这些公司也在权衡，在保障持续性的同时如何运用新技术提高产品体验。乐高就针对年龄稍大的儿童运用了新技术，提高了产品体验。

乐高的设计创新

前些年疲软的市场表现一度使乐高陷入困境。但随着乐高采取了一系列有效的措施——其中很多都与设计相关，乐高又重新焕发了活力。

乐高一直致力于新技术的使用和新合作伙伴的拓展，与麻省理工学院媒体实验室的 Syemour Papert 先生的合作就是典型的例子。乐高采用了定制化的 CAD 软件，使得用户可以自己设计一个虚拟的结构，乐高则可以按用户定制的结构下单生产。在乐高的网站上，用户可以上传自己的设计，并与乐高的设计师分享。一旦乐高发现某种设计开始风靡，马上可以制造与这种设计相关的同类别的产品。乐高的新闻发言人说："我们本身有 100 位设计人员从事乐高玩具的设计，但使用 LEGO 语言在线用户定制后，我们拥有了 10 万名设计人员。"

乐高的热衷者在其官网上上传了一个叫"Digital Designer"的软件，并在互联网上迅速传播开来。这实际上是一个"黑客"程序，但运用这个程序用户可以以非常低廉的价格对乐高的零部件下单生产，并且可以按需要定制。令人意外的是，乐高欣然接受了这个"黑客"程序。不仅如此，乐高还为用户做了一个如何给这个程序添加补丁和修订的介绍。因为乐高坚信，用户会自发地产生各种乐高想不到的创意和设计。

另一个使得乐高"东山再起"的措施也与设计有关，那就是乐高机器人部件的重新设计，只是这个项目是针对成年人而不是儿童的。

　　设计行业的实践者从先前的经典设计中也经常可以得到设计的启发。马自达的 MX-5(也被称为 Miata)就是这样一种重新捕获先前设计"魔力"的设计经典。1982 年,马自达就美国自 1945 年起所有的运动跑车开展了历史分析。Yamaguchi、Thompson 和 Tajima[10] 说,马自达重新审视了二战中美国军队军用运动汽车和二战后美国进口的 MG 罗孚、凯旋(Triumph)、捷豹(Jaguar)等运动汽车的设计——都是前置引擎后轮驱动、车头比较长的敞篷汽车,并总结得出,对大多数美国人而言,对某种运动汽车的"第一印象"至关重要,所以汽车的样式对运动跑车能否取得成功有着重大意义。不仅如此,针对大多数成功的运动跑车都已经拥有了忠实的顾客群体这一局面,马自达坚信运动跑车一定要与众不同,要抓住某个特定细分市场的喜好以刺激消费者购买的冲动。设计出来的汽车一定要外观迷人并能提高驾驶者驾驭汽车的乐趣,在展现出良好的性能的同时也要为其设定一个合适的价格。

　　马自达 MX-5 1989 年 2 月在芝加哥车展上亮相,立刻引起了轰动,被认为是英国和意大利式跑车时代的复兴,而价格与前者相比有极大的吸引力。在那时,这辆车是最便宜的跑车之一,尤其对女性而言,而女性是马自达 MX-5 主要针对的细分市场。在 Miata 这款车中,马自达聚集了易操作性、性感的外观、对细节的关注等诸多成为经典设计的特性。马自达随后对这款经典设计进行了渐进式的创新和改良。1999 年,马自达推出了 Miata 系列的一款新车,这款车前灯圈定的技术以及更为时尚、坚固的车身使得其一经推出便取得了巨大的成功。2005 年马自达 Miata 系列的第三款新车也在日内瓦车展上亮相。

　　Miata 的主要设计者 Tom Matano 将 Miata 系列的成功归结于与时俱进,即随着市场和时间的演化及时调整某些设计。他指出,尽管面临着诸多竞争者,Miata 一直都遵循其最初的设计理念——一辆买得起的、双座的、给驾驶者愉快驾驭体验的运动跑车,而这种理念在 Miata 热衷者之中引起了广泛的共鸣。此外,马自达还通过支持"Miata 俱乐部"与驾驶者积极交流,而这种俱乐部是 Miata 粉丝运营和管理的。这就形成了一种反馈机制,显然这种反馈机制比服务台和投诉卡更有效。

永恒的设计——马自达 Miata

Miata 的设计者 Tom Matano 在马自达的网站上回复关于"如何才能形成这种永恒的设计"时,提到以下重点:

- 持久地保证设计质量;
- 有用性;
- 务实地使用各种技术和材料,剔除花哨的线条、形式和图标,真实地表达"产品内部体现出什么";
- 技术的先进性。

马自达有着自身独特的方法保证其可以去理解产品的本质并保留那些成功的设计。很少有某种产品像 Miata 一样能够在全球范围内引起长期的市场共鸣。大多数的产品要么就是在特定的国家和地区满足市场需求,要么就是在短期内获得市场认同。实际上,随着产业和市场竞争越来越激烈、越来越动态,"长寿产品"的优越性就越能体现出来,它通过减少市场不确定性实现稳定的市场表现。"长寿产品"的财务表现会显著好于其他产品,因为如果一种产品系列能够长期在市场中保持活力,那么该企业对这一类型的产品就会有更准确的预测能力。此外,企业还会节省对这一系列设计进行替代的高昂成本。而对于企业而言,"长寿产品"更大的益处在于它使得企业能够对其产品族进行更有效的管理。如图 2-1 所示,一些"长寿的产品设计"是不需要重新推倒重来的,并为之后的渐进式的创新提供了基础。通过这些经典设计,企业产品线的演化推进就有了重要支撑,从而保障这一过程的稳定性。

可以看出,企业的产品线应该包含不同程度的产品寿命。因为在市场中,某些用户的需求和偏好较之其他用户转变得更快。在理想情况下,企业应包含针对不同的消费需求和偏好的产品系列,使其能更好地满足用户需求。然而,既要迅速满足消费需求,又要保障设计的"长寿"性,确实十分困难。

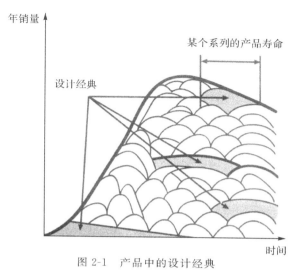

图 2-1 产品中的设计经典

平台设计经典

有一些设计经典由于其最后成为该类型产品的基础结构或者囊括了关键性技术而长期活跃在市场中。这种"长寿性"来源于两个方面:第一,由于专利、商业机密的保护,竞争对手无法改变设计中的技术,这就使得技术的先进性体现出来,长期获得某种"特有的"领先优势;第二,竞争对手没有改变这种设计的动力,因为竞争对手使用的是同一种标准。在以上任何一种情况中,都会出现如图 2-2 所示的平台设计经典。

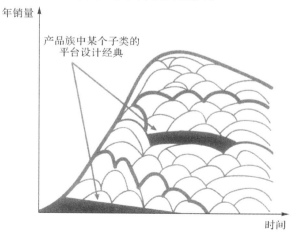

图 2-2 平台设计经典

设计经典较之其竞争对手可以在市场中存活得更久,但设计经典是非常不确定的。技术的不连续一直是一个威胁。竞争对手的设计可能成为行业的标准。在任何时候,竞争对手都可能利用其专利获得成功,而任何一种独占性的商业秘密都有可能会被泄露,或者有被其他人知晓的危险。为了应对这种危险,企业可以运用两种互补的方法去保证设计经典的产生,其中之一就是新技术的使用。围绕新技术打造的系列产品在市场中享有很长时间的市场领先地位。而且如果技术所有权可以独占,这种领先优势还可以延续得更为长久,甚至可以通过专利保护达到市场垄断。

索尼积极地在其随身听(Walkman)这种产品中对电池、微型化等技术进行研发,使得其在产品投入某个细分市场后享有至少 6 个月的市场领先地位。索尼的成功就在于它在随身听(Walkman)这种子类产品的各个系列中迅速采用新技术。随之而来的就是索尼在 CD 播放器、游戏机和其他电子产品中复制了这一做法。毫无疑问,技术是最直接的一种成为经典设计的手段,尤其是当技术被专利保护的时候,但这种优势也在日益减弱,因为对大多数产品而言技术改进的机会并不是很多。

专有技术标准 VS 开放技术标准

实践证明,专有技术标准并不能赢得竞争。专有封闭的技术标准可能在初期会制造出更为出众的技术和产品,但相对简单开放的技术才能赢得市场竞争。录像机市场印证了这一观点。索尼在 1975 年引入 Betamax 格式录像机。一年之后,JVC 公司也研发出了 VHS 格式的录像机。VHS 一经推出就与 Betamax 发生了正面冲突,因为这两种格式并不兼容。一场关于技术标准争夺的战役也随之而来。在当时,这两家产商都没有主导标准制订的能力,但市场给予了答案。由于索尼公司采取了封闭的专有技术标准,而 VHS 采取的是开放技术标准,使得后者与诸多互补性产品形成联盟。随后的几年,索尼公司的 Betamax 格式录像机虽然在技术上领先于 VHS,但市场份额已大大落后。最终,索尼公司停止了该类型录像机的生产,转向生产 VHS 格式录像机。[11]

与追寻新技术密切相关的就是关于标准的争夺。对于那些并不是采用顶级技术的产品设计,如果它们与产业技术标准相符合或者其生产厂家有确定技术标准的能力,那么它们依然能在市场上展现无与伦比的活力。

从某些公司(尤其是索尼和东芝)的历史进程可以看出,它们在产品族的发展中都经历了从产品性能向差异化的转变。例如当东芝的 T1100 笔记本电脑和索尼的 WMD6C 随身听取得巨大成功时,由于两家公司都无法预测这两款设计能否在未来更长的时间内继续保持这种优势,便生产了其他的系列产品,并努力实现差异化。

还有一种因素也可以解释产品设计的持久性——顾客喜好。Colt 公司的 45 手枪在面世后的 120 年都依然在生产,可口可乐的瓶子自 1915 年至今都没有大的改变(最初的是玻璃做的,现在大多数都是由塑料制成,但样式基本没有改变)。无论是从功能上还是制作功效上,这两种设计都不是顶级的。正如 Pulos 所说:"一种产品被另一种以更好的方式提供同样功能的产品替代似乎是合情合理的,但当顾客已经喜欢上某种产品时,那么顾客可能会将其奉为经典——也就不再那么关注功能了。"[12]

"萝卜白菜,各有所爱",每种产品都会被特定的顾客所偏爱,这种偏爱也有很多来源。对于 Zippo 打火机而言,它来自于简单的设计和怀旧。同样的,对于那些使用过 IBM 的电动打字机的人而言,很难再去选择其他类型的打字机。事实上,哪怕是再普通的产品都有可能唤起顾客的喜好。当然,一个好的设计更有助于形成顾客的偏爱,例如从 1958 年至今,美国居民家用罐头的包装都还在使用 Mason jar(这就是我们日常生活见到的有金属螺盖的大口玻璃瓶)。

顾客很难拒绝那些能够很好地满足他们诉求的产品,即使有更新或者更好的产品出现。Tandy 公司的 TRS100 笔记本电脑是全世界最早出售的笔记本电脑之一,在 1983 年面世时,它的内存比较小,没有标准的操作系统,屏幕也很小。然而在随后的 6 年,即使市场上出现了各种在很多性能上都已经超越它的笔记本电脑,TRS100 依然能取得很好的销售业绩。尤其是记者们特别热衷于这款电脑,因为它提供的全尺寸键盘(支持触摸输入)、超强的电池续航能力、使用 MODOM 的电信通信功能和低廉的价格,恰恰满足了记者们的需求:简单可靠、价格实惠、能够快速撰写、传送新闻的笔记本电脑。对这些用户而言,数据库应用、电子表格处理等这些只有在价格高昂的笔记本电脑中体现出的性能几乎没有任何用处。

传达强有力的设计理念

有一些设计经典源于设计者通过产品的使用成功地向用户传达某种理念或愿景。一个令人印象深刻的并且能与用户产生共鸣的设计理念就如同设计者与用户之间的私人对话,这种对话可以涵盖各种主题和要素。博朗(Braun)公司朴实的黑白家电产品就向顾客传达"简单性和功能性"这种设计理念,而下文提到的其他公司则传达的是"有趣、惬意、自由的价值"等设计理念。

一个能引起共鸣的设计理念可以赋予产品竞争优势。当顾客对某种设计理念产生共鸣时,就有可能促使其产生购买行为,因为产品背后包含的是一种顾客和企业共享的价值观,而且随着购买行为的产生,这种对共享价值观的认同会日益增强。这样,其他的竞争性产品很难找到一种突破口去打断这种"对话"。

尽管上述内容对设计者而言是熟知的,但对于负责商业运作的管理者而言则面临一些挑战。设计理念本身是一种价值判断,设计者可以感知、判断某个细分市场对理念的认同,但对于一个企业而言,由于牵涉到很多不同的部门,实行起来是比较难的,甚至很多管理者并不认同设计者直接和顾客进行对话这种方式。这样,管理者中断了设计者—顾客的对话,从而导致理念传递的不畅,引起顾客的认知混淆。有鉴于此,企业应该在所有产品线中持续地传递一种设计理念,就像博朗(Brawn)、索尼(Sony)、苹果(Apple)公司所做的那样。

从诸多企业案例中可以发现,一个拥有杰出设计者或者拥有出众的洞察能力的领导者的企业更有可能传递强有力的、一致的、持续的设计理念。而对于那些两者都缺失的企业,它们传递出来的设计理念就并不那么容易被顾客认同,也很难保持与顾客的有效"对话"。

很多经典的设计都展示出其对产品设计的创造性的执着追求。在这一方面非常成功的企业都极其重视工业设计者,它们鼓励这些设计者在企业内部形成一种自由的设计氛围。长寿的产品设计总是能颠覆传统的设计理念,并提炼出新的顾客需求。推崇设计者自身判断的企业肯定也愿意招募那些拥有这种设计能力和自信的设计员工。

在设计经典产生的过程中,制造多种系列的同类产品是一个非常合适的方法。图 2-3 描述了四个制造商在美国境内销售的产品系列的生存曲线。可以发现,索尼产品系列的产品周期几乎是其他竞争者的两倍,似乎索尼并不是一个激进的创新者(产品周期长)。但实际上,索尼公司被公认为是一个极具创新的企业,并拥有很大的市场占有率,索尼的诀窍就是成功地管理其与顾客的"对话",使得产品更长寿。

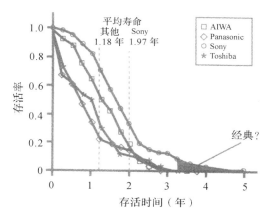

图 2-3　个人移动音响设备的存活曲线(1980—1989)

　　图 2-3 中索尼公司的长尾部分就是设计经典。这些产品都针对其目标顾客进行相应调整,效果非常好,使得索尼没有必要进行完全推倒式的重新设计。拿 WNF45 运动随身听来说,这款设计在当时几乎没有采用新的技术,更别说有什么突破性创新,因为对那些怀旧的人来说也毫无吸引力。索尼公司对这款产品起初也没有很大的期待,这款随身听是针对美国市场进行调整设计的,在日本并没有这款设计的生产线。实践证明,它在美国市场上取得了巨大的成功。这种渐进性的调整和创新不仅造成了随身听在MP3 引入市场前对美国便携式音乐设备市场的统治地位,还在之后的 CD和视频摄像机中体现出来。

　　但最终,由于索尼在战略上的失误,它的便携式音乐设备失去了市场吸引力。索尼一直追求的是音质这一传统的评判音乐播放器的标准,这一点在其后来开发出的 CD 播放器中也集中体现了,但是一种新的技术(MP3)证明了传统的评价标准已不能满足市场需求。

苹果的 iPod

　　iPod(见图 2-4)是近些年来无与伦比的一种设计。在很多方面,它都满足在第 1 章中我们阐述的"设计驱动的创新"的要点。iPod 由于其操作的简单和设计的精致深得顾客喜爱。它完美地融合了苹果公司提供的硬件和软件。毫无疑问,它在使用者当中创造了一种情感共鸣和象征价值。

图 2-4　iPod 家族的音乐播放器

　　在 2001 年 10 月面世之时,iPod 被看作是一种"数字版"的索尼随身听——一种小型的便携式的数字音频播放器。它除了配备一种滚轮一般的选曲盘,还有内置存储卡,并且可以作为一种存储设备与电脑连接。

　　iPod 是 Christensen 所说的"破坏性创新"的典范(后来他使用的是"破坏性技术"一词,这个词并不是指技术具有破坏性,而是指技术战略会产生巨大的影响)[13]。苹果就是基于 MP3 技术的平台进行创新,创造了 iPod 这样一种颠覆了当时市场标准的产品和服务。破坏性技术通过提供先前技术不能提供的一些技术属性(例如硬驱的小型化技术最终使得笔记本电脑成为可能)以及对新的技术属性进行持续的改进来打入主流市场,颠覆传统标准(就如数码摄影技术替代胶片摄影技术)。

　　需要注意的是,iPod 并不是第一个基于 MP3 技术的产品。事实上,真正采用某种新技术的产品都很难成为设计经典,因为顾客需要一定的"试用"时间以确定市场中的长期领导者。

破坏性创新真正的意义并不是片面地颠覆已存在的"主导设计",而是扩宽了产品类别,从而扩大市场容量。研究表明,诸如白炽灯照明、机器制冰、胶片摄影等技术都拓展了好几倍的市场容量。[14]Christensen 用硬盘驱动的例子也证实了此点。这种创新的破坏性不在于它提供了某种更好的功能,反而大多时候它提供的是比以前还要差一些的功能,就拿 MP3 技术来说,在声音质量上,它反而不如磁带。[15]破坏性创新的要点在于产生了不同的功能属性,并且扩大了市场容量。

以 MP3 技术为例,尽管音质上不如磁带,但它可以使得你能随身携带几千首歌曲。哪怕是不想购买随身听的人也会对 iPod 跃跃欲试。最终,破坏性创新使得其提供的技术属性更为便宜和方便,使得顾客需求极富弹性。现如今,当我们开灯阅读,眺望窗外,从冰箱中拿出冰镇的饮品,或是在电脑上欣赏拍摄的照片之时,我们都理所当然地接受了。与这些产品相比,它们上一代的产品成本高,不方便,而且不便于让大多数人去享用。

iPod 的市场地位

iPod 在美国数字音乐播放器市场的统治地位无人能及。苹果公司在不到 4 年的时间内已售出了 1500 万个 iPod。2004 年 10 月的统计数据表明,苹果硬驱 MP3 的市场占有率达到 90%,而在所有类型的 MP3 市场中,其占有率达到 70%。苹果在 2005 年第四季度的财务表现创历史新高,而其中很大的功劳归于 iPod 的强劲市场表现——较之于 2004 年第四季度,iPod 实现了 200% 的增长。不仅如此,可能由于"晕轮效应"的影响,即 iPod 使用者转向苹果的其他产品,苹果 Mac 电脑同期也有 48% 的增长。

iPod 的成功得益于以下特性:第一,它方便携带并操作简单;第二,iPod 不仅仅是一种产品,它通过 iTunes 还将服务和用户界面整合进来。iTunes 使得用户可以在 iPod 或者电脑上自主管理个人的"音乐库",还提供在线购买数字音乐的服务。通过连接到电脑,用户可以将已经保存在电脑中的音乐列表或者音乐库的所有内容同步到 iPod 中。正如 Steve Jobs 所说:iPod 使得你可以将所有的音乐收藏保存于你的口袋之中,无论在哪儿都可以方便地倾听。

在 iPod 刚刚引入市场的时候,它只能与苹果 Mac 电脑兼容。后来,苹果增加了 Windows 的兼容性,开放技术使得 iTunes 可以在每个电脑上运行,这样让更多的使用者能够享用 iPod 和 iTunes 之间的同步功能。苹果一直鼓励产品创新,并开放一定的技术标准,这为其带来了丰厚的利润和强劲的增长。苹果在 Apple II 电脑中加入了扩展槽的设计,而其他公司也马上相应地提供了与之兼容的磁盘驱动器、电路插件和其他配件。这一切都让苹果只用了短短 9 年时间就进入财富 500 强,将之前由福特保持的最短时间进入财富 500 强的纪录缩短了将近一半。但随后,苹果 Mac 电脑却转变了之前开放的战略,转而去追求尽善尽美的设计。苹果在这一过程中事事亲力亲为,但其他竞争对手却用外包、合作等形式大大降低了产品价格,Mac 电脑也一度失去了市场吸引力。直到 iPod 的出现,苹果又重新采用了 Apple II 电脑中体现出来的开放式战略,随后与 iPod 相关的配件如雨后春笋般地涌现出来,正如当年在 Apple II 在电脑上取得的成功一样。

无论是对产品还是服务,用户界面都是创新的源泉。iPod 就成功地创造出一群极具创新性的用户群体,他们为 iPod 创造出很多别样的使用方式,比如以 iPod 为中心的"iPod 配件产业",这也被乔布斯称为"苹果经济",还有一些人称之"iPod 生态系统"。这些以 iPod 为中心的用户企业通过创造相关的产品,无疑也让 iPod 更加盛行。现在 iPod 不仅可以听音乐,还汇集了游戏、有声读物、录音、调频收音机等诸多功能。

iPod 的设计链

iPod 的研发是一个有趣的故事。iPod 的很多基础设计并不是苹果公司研发的,而是外部企业的成果。比如苹果与位于加利福尼亚州的 PortalPlayer 公司合作,这家公司在便携音乐播放器领域有着出众的技术。PortalPlayer 公司又针对与苹果的合作项目,选择其他的公司并精细管理这一过程。正如 Erik Sherman 所说[16],"在 iPod 还在研发时,苹果就已经设想了这种播放器应该是什么样,也知道会变成什么样。随后,他只需将这些样式、构件等设计参数告知他的合作者"。

iPod 的五个关键合作者是索尼(电池)、欧胜(编码解码和数字模拟转换器)、东芝(硬盘驱动)、得州仪器(火线接口技术)、凌特(电源管理)。PortalPlayer 通过与这些部件提供商进行合作,便能够设计出高质量的音乐播放器。值得注意的是,iPod 设计链使用的都是现成部件,而不是专业化设计,但苹果将这些现成部件以一种精致的组合方式形成了 iPod。

Sherman 也指出,尽管 iPod 有着诸多其他企业的参与,但如果认为所有的设计工作都与苹果无关,那就是大错特错了。苹果体现自身的价值观的地方就在于他将所有的部件组合在一起,而且通过 iTunes 的服务,最优化这种设计的性能。iPod 的最大成就就是用户创新的参与,而这也是苹果自身的成果。

iPod 持续进行改进和创新。最近出现的 iBeam 能将 iPod 转换成手电筒或者激光笔一样使用,甚至还可以变成相机和电话。这些变化的可视教程都可以在 iPod 中存储然后通过投影仪展现出来。像外置扬声器和蓝牙等配件可使 iPod 在汽车的播放系统中得以使用,既可听音乐也可听广播。2004 年 9 月,德国宝马汽车公司开始出售 iPod 连接器,用以将汽车和四款当时最流行的 iPod 设备相连接,驾驶者通过方向盘或者车载音频系统可以操控其 iPod 设备。沃尔沃公司随后也加入了这一行列。

与 iPod 有关的一项最有意义的创新就是播客技术(podcasting technology)。播客录制的是网络广播或类似的网络声讯节目,网友可将网上的广播节目下载到自己的 iPod、MP3 播放器或其他便携式数码声讯播放器中随身收听,不必端坐电脑前,也不必实时收听,享受随时随地的自由。播客与其他音频内容传送的区别在于其订阅模式,它使用 RSS 2.0 文件格式传送信息,该技术允许个人进行创建与发布。

在播客面世后,越来越多的传统广播商采用了这一技术。西雅图新闻电台 KOMO 通过这一技术播报新闻。波士顿的 WGBH 也通过这一技术提供各类节目。2005 年 3 月,维珍广播公司(Virgin radio)利用播客每天播报自己的节目。2005 年 4 月,BBC 也宣布用播客播放的节目拓展到近 25 个。

苹果公司真正以自身名字参与到播客技术还是在 2005 年的年中。那个时候,苹果开始改善这项软件,并制作关于"如何运用苹果的 Quicktime Pro 和 Garage Band 两款软件创作播客"的使用说明。更为令人惊讶的是,2005 年发布的 iTunes 4.9 新增了播客订阅功能,并提供了播客的目录以方便用户搜寻。通过这些,苹果完完整整地整合了服务和其产品的用户界面。

iPod 为开放标准日益成为主流趋势的未来竞争提供了一个标杆。对大多数人而言,很难想象在这个平台上会发生什么。iPod 是典型的破坏性创新,它扩大了市场容量,进而引发了新一轮的竞争。它完美的用户创新体系使得 iPod 理应成为近些年来公认的设计经典。

未来的挑战

像大众甲壳虫汽车这样一种设计经典，它可以在市场上风靡很长时间。而这种盛行的设计都在面世过后进行了渐进式的改进。我们可以称其为标志性的产品。苹果也是如此，它最近推出了 iPod Nano，掀起了新一轮的热潮。在 Nano 之中苹果不再使用硬盘技术，而是采用了闪存技术。这一点正如索尼的随身听，即在某种设计经典产品族中推出其他系列的产品，并使得它们之间有差异。

还有一些设计当其出现的时候就被认作是初级产品，比如自行车。对这样的产品，如何能够赢得市场的一席之地呢？禧玛诺（Shimano）的经验值得借鉴。很多人挑选自行车都基于车身高度，甚至有些车都没有变速挡可供挑选，这个时候一些额外的需求和设计就开始显现出来，比如山地自行车。毫无疑问，这种变化就对产品差异化提供了一展身手的空间。禧玛诺（Shimano）就提供各种自行车变速挡。到后来，很多自行车厂家都在宣称自己真正"采用禧玛诺（Shimano）"的变速部件。

前文还提到上一代技术的领先厂家都在下一代技术出现时丧失了市场优势。两家日本企业在芯片技术上曾经有过优势，它们也深知竞争的残酷性，但它们还是无法超越先前的成功而继续赢下去。心理学家分析，人们总是习惯于对"足够好"的想法的满足，继而不再追求其他可能的想法。北欧一家为制浆造纸行业提供生产设备的制造商一开始在这个行业内占据绝对的统治地位，因为是它们发现并进入了这个市场。但随后，它们的市场份额就被竞争对手所蚕食。让这个企业更为郁闷的是竞争对手的产品在技术层面并没有任何的新知识、新技术的突破。在后面的章节，我们会介绍工业设计者是如何帮助提供新的产品方案的。

要想取得成功，设计者要对"当下是什么"有一个敏锐的认识，同时也要考虑"未来是什么"。当苹果还没有真正制造出"透明样式"的电脑时，它已将这一理念引入其产品中。这为其他产品开了先河，比如剃须刀。苹果设定了某种趋势，尽管没有直接影响它自身的产业，但为其他产业提供了某种启发。我们在前文里提到 Raymond Loewy 的 Studebaker 是一种经典设计，尽管他没有取得销售上的巨大成功，但他的很多设计都为竞争者所使用，这就像苹果使用其他厂家的零部件组合成精美的 iPod 一样。

　　当然,设计者也不是永远正确的。正如意大利星级设计家 Michele De Lucchi 所说:我当时对自己的一款产品设计并不抱有多大的期待,但事实是,这款产品最终成为畅销产品。另一款我很期待的产品设计反而并不被市场认同。我们没有一个精准的方案确保创新和设计的成功,如果真的有的话,这样一种方案也是适得其反的。正如 Caves 指出,没有人能够绝对地肯定某种创新或设计会取得成功。[17]

　　除了上述论述,我们高度质疑企业的管理者是否都认识到设计经典对企业绩效的重要性。

　　企业如何产生卓越而精致的设计?这个答案部分在于企业如何组织设计功能。在下一章中,我们会介绍什么是设计,以及通过什么样的过程才能获得成功的产品设计。

尾注

1. K. B. Clark and T. Fujimoto, 1991; R. A. Cooper and M. Press, 1995; R. M. Henderson and K. B. Clark, 1990; E. M. Rogers, 1995.

2. J. M. Utterback and W. J. Abernathy, 1975; W. J. Abernathy and J. M. Utterback, 1978.

3. M. A. Maidique and B. J. Zirger, 1985.

4. E. von Hippel, 1988.

5. Henderson and Clark, 1990.

6. C. M. Christensen, 1997.

7. E. von Hippel, 2005.

8. S. Sanderson and V. Uzumeri, 1997.

9. W. J. Abernathy and K. B. Clark, 1985.

10. J. K. Yamaguchi, J. Thompson, and H. Tajima, 1989.

11. M. Cusumano, Y. Mylonadis, and R. Rosenbloom, 1992.

12. A. J. Pulos, 1983.

13. Christensen, 1997.

14. J. M. Utterback, 1994.

15. Christensen 指出,正如传统方法定义的那样,一项颠覆性技术的性能总是比较差。然而,这经不起对实例的仔细推敲。例如,J. M. Utterback 和 H. J. Acee 在 2005 年发表的内容中谈到的。

16. E. Sherman, 2002.

17. R. E. Caves, 2000.

第 3 章

功能和设计的整合

我们能感觉到产品和创新领域正发生着更大范围的变化，这点在索尼Walkman 和苹果 iPod 这两个发散性的案例中也有所体现。尽管 Walkman只是一种硬件产品，索尼却围绕着小型显示器、磁带传动、读磁头和耳机等必要零部件和功能，对 Walkman 进行了精心的开发。索尼还雇用设计人员来设计产品的各个部分，并根据不同的细分市场进行组合，比如体育用途、儿童市场、上班族等。

而 iPod 则和 Walkman 形成鲜明的对比。iPod 被称作代表着"创新生态"和"iPod 经济现象"，因为苹果既没有为其产品开发压缩格式，也没有设计产品的基本部件；相反的，苹果的设计人员从一开始就策划产品的整合、用户的体验和产品的形态。iPod 不仅仅是简单的播放音乐的硬件，它还是一系列软件、服务、视频等定制程序、播客等用户自主开发的概念、各种配件以及各种合作关系的融合。比如苹果和耐克之间公开的合作关系就反映了这种特征。部分耐克的跑鞋可以嵌入传感器和无线设备，跑步者的表现会被传送到他或她的 iPod 上，接着 iPod 会做出相应的反应，播放节奏合适的音乐来帮助改善跑步者的步伐。当下次 iPod 被同步时，数据会自动发送到耐克的官方网站上，而用户可以在那里检查他们的训练进度[1]。通过这种方式开发出来的变化和主题很可能是无穷无尽的。

iPod 和 Walkman 都是第 2 章定义的"长久的设计经典"的典型代表，但是 iPod 作为设计驱动的创新典范，功能上的表现相当优异。这款产品阐明了外观和功能之间的边界如何变得越来越模糊，或者确切地说，变得相互交叉。同样的，产品作为硬件和软件及服务之间的边界也变得越来越模糊。如今，很少有产品能够单独发挥好功能，同样，没有硬件和软件也很难提供各种服务。这些产品和服务越来越多地取决于用户的参与性和适应性。就目前的演变来说,用"创新生态学"来描述这一现象是很合适的。

一旦主导设计出现,围绕设计所展开的产品差异化就成了最重要的创新动态。技术创新带来了更简单和精致的产品设计[2]。

什么是"设计"？什么是研究和开发？

设计活动很难定义,它与技术创新和研究开发有着复杂的联系。在英语中,与"创新"这个单词类似,"设计"(design)涉及一个过程以及这个过程的结果,这就使得给其下定义更为困难。因为研发被广泛认为在创新过程中扮演核心角色,所以要理解什么是设计,需要对研发的组成有清晰的认识。比如说,经济合作与发展组织(OECD)正式定义了研发过程的三项活动:基础研究、应用研究以及实验开发。

在工业领域,绝大多数的设计工作是围绕生产流程展开的,所以这类设计没有被划分为研究和开发。然而,设计过程也有很多工作是研发工作:包括决定工序的设计和绘图、技术规范以及开发生产新产品和流程所需构思的操作特性等。

设计比研发涵盖范围更广。正如 Walsh[3] 指出的,"所有的产品,从服装到工程零件,从杂志到电子消费产品,从厨房厨具到化学工厂,从广告到门市部,都是设计出来的"。相反的,不是所有的产品都是研发工作的直接结果。在 Walsh 看来,设计包括一个过程和这个过程的结果。过程是指关于产品外观和功能以及生产模式甚至是物流模式的一系列决策;而过程的结果则是指产品本身。作为一个过程,设计不只是限定于解决狭隘的技术问题。

图 3-1 表明了设计(D＝design)和研发(R＝R&D)在各自的相对规模和重叠程度上的关系。我们认为图中中间一行的右边的那组关系能最好地表示两者的关系。

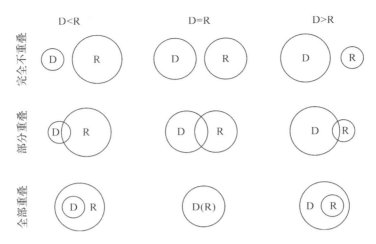

图 3-1　设计和研发的界定和重叠

设计和研发的学术研究

　　创新理论的学者在很大程度上忽略了设计工作[4]，而聚焦在技术创新上，强调功能上的革新。研究和开发被看作是功能性革新技术的主要来源。那些将超过平均水平的资源（雇员和利润）投入到研发中的部门使其更可能获得高于平均水平的专利数量（生物技术、药物、化学制品、航空航天等）[5]。相反的，正如 Walsh 所描述的，"相对于创新或研发来说，从社会科学角度对'设计'进行全面研究的要少得多"[6]。

　　"设计"很难被识别的一个原因是设计者并不总是介入设计活动中。Gorb 和 Dumas 提出的"沉默设计"的概念被广泛传播。举个例子来说，一项针对那些因为引进典型的"设计精良"的产品而赢得"千禧年产品"奖的英国公司的调查显示，19％的公司在产品开发中并没有包括内部设计者、内部设计团队或者外部专家设计者。但是，虽然没有专业设计者投入，这些产品最终还是被设计出来了[7]。

　　组织结构反映了公司对"设计"的不同理解。一些公司将"设计"狭隘地看作美学、款式、适用性或者性能。这些公司更可能从事"沉默设计"或者将设计看成是其他功能的一小部分。另外一些公司有更广的视角，在狭义设计的基础上加入生产效率、原材料使用、安全性、耐用性等要素。这些公司更可能会是设计聚焦甚至是设计领先的公司。值得注意的是，商业绩效和广义而非狭义的解读"设计"这两者之间有着一种正相关关系。

设计、创新和公司边界

Vivien Walsh 在她 1996 年的文章"设计、创新和公司边界"中解释道，设计工作和研究开发、技术创新有重叠之处，但除此之外，设计工作对公司业务也有贡献。她进一步观察到设计工作"不是简单地与公司的内部或外部边界相匹配"，并且也注意到了设计在公司内部的定位会随着"国家文化和传统的不同而有可能位于研发、生产和销售活动中，或专业设计和开发部门活动中以及制造公司之外的设计咨询公司中"。

在公司内部，Walsh 注意到工程设计和其他设计，尤其是关注产品设计不同方面的工程设计和工业设计之间的分离。设计的组织扩散使其在公司追求成功时"很容易被忽视，在战略规划中没有被充分考虑"。我们将在后文对"整合设计"这个概念进行讨论。

设计和一系列活动和学科有关，其中有一些跟艺术能力相关，还有一些和工程学紧密联系（跟科学联系程度相对较小）。设计之所以有趣，一部分原因在于它是艺术和工程科学元素的创造性整合。从根本上来说，设计"涉及概念、计划和想法的形象化"[9]。设计是认知的一个过程，而非一项结果，设计过程使用了诸如草图、蓝图、模型等工具，但是由于这些工具是设计活动的典型工具，它们不属于过程本身。在后面的章节中我们会看到草图、蓝图、模型和其他可视工具在设计中的重要作用。

图 3-2 将不同类型的设计活动定位在两个维度的坐标中。在横坐标维度上，右边显示设计活动依赖工程/科学投入或能力的程度，左边表示依赖艺术的投入程度。纵坐标维度是从完全物质性产出（很少或没有象征性价值）到完全象征性产出（没有或很少物质存在）来区别产出的属性。几乎所有的产品或产品系统都是这两个维度的混合体。

创新研究大部分集中在图 3-2 右下角的高度功能性活动方面。将重点转移到产品设计活动能使我们更靠近图表的中心。我们可以探索工业设计及其与工程设计的相互关系[10]。不管是正式或非正式、好或坏，所有生产出来的产品以及大多数服务都是经过设计产生的。而工业设计和工程设计却是与工业产品最直接相关的两种类型的设计活动。

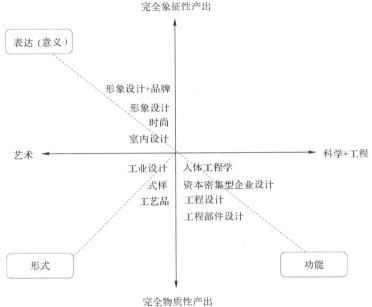

图 3-2 设计活动的工程投入与艺术投入

混凝土帆布

为数以百万计居住在被自然灾害和战争影响的地域中的人提供避难所不是一项容易的事。Peter Brewin 和 Wil Crawford 是伦敦皇家艺术学院的两名研究生,他们的一项颠覆式设计创新就旨在改变这种局面。

刚开始,两人并不是针对这个问题的,而是起因于他们感兴趣的一种原料——混凝土。他们听说若要进行安全的维修,可以在破裂的煤气管道周围建立充气式结构,这让他们联想到充气混凝土住所。Brewin 说:"这使我们有了为住所制造一个巨形混凝土蛋壳的想法,同时利用膨胀优化结构。一层非常薄的蛋壳却使鸡蛋的结构有着很高的强度。"

Brewin 和 Crawford 在乌干达进行了一个月的调查,试图了解避难所在特定条件下的使用情况,知道了这些避难所的结构必须非常容易组装,并且能够抵挡恶劣的环境。所谓的"混凝土帆布"是由覆盖着水泥和织物混合物的塑料衬管作为外壳。理论上,组装者只要加入一些水,然后按一下按钮对塑料衬管进行充气。12 个小时以后,12 毫米厚的外壳就会凝固。成型后的房子将有 54.2 平方米(172 平方英尺)的地板面积,重约 500 磅(230 千克),并且可以持续使用 10 年。

应急避难所主要采用帐篷和预制构件建筑的方式,而混凝土帆布则是很好的替代品,它基本上和帐篷一样容易运输,却和预制构件建筑一样耐用和安全。可以盖上沙子或泥土来改善它的绝缘性,同时也很容易使用碎石来拆毁。这种避难所甚至可以被用于医疗用途。

Brewin 和 Crawford 的主意和原型已经赢得了几个设计奖。他们成立了"Crawford Brewin"公司,将这个概念带到市场上。

这两种类型的设计非常独特而且视角不同。工业设计这一创造性行为旨在确定工业生产的物品的正规质量。Maldonado 注意到虽然这些正规质量包括在日常生活中被普遍认为是跟设计最相关的美学上的质量,但是正规质量主要还是"在生产者和使用者看来,原则上是多种结构上和功能上的关系,这些关系将一个系统转变成连贯的整体"[11]。如何把产品功能传递给使用者是和工业设计显著相关的。相对的,工程设计利用科学准则、技术信息和想象力来定义一个机械结构、机器或者系统,使其以最大的经济效用和效率来执行特定的功能。

虽然程度不同,但工业设计和工程设计都被应用于工业产品中。然而,尽管两者都关心诸如产品性能等情境因素和绩效价格之间的关系(及"钱的价值"),但是两者之间可能会产生矛盾,因为它们有非常不同的方法和视角。

设计,特别是工业设计,经常关注如何使一个产品"透明",同时使其功能架构却"不可见"。换句话说,用户应该能够方便地使用产品,而不需要知道该产品如何能达到这些功能[12]。一个设计工程师可能会更关注技术的客观特征,但工业设计人员必须站在用户的角度来思考[13]。工程设计工作通常都是经过正式组织实施的,并且很可能就包含在研发中。

无论规模大小和处于何种行业,一些公司会在正式工业设计活动中投入更多的资源,而另一些公司则不够重视。Moody 用了建筑学上的一个类比:"工业设计之于工程就像建筑风格之于建筑。正如没有建筑师的帮助也可以设计出建筑物一样,没有工业设计师的帮助也可以设计出机械设备。"[14]从事工业设计工作并不要求经过工业设计训练,因此就有了"沉默设计"这个概念。在"沉默设计"中,即使销售人员、生产人员和其他方面人员不是正式指定的"设计师",但他们都参与了设计决策的制定或设计和开发工作。

在一些公司中,工业设计是产品开发的最后一阶段。在这个阶段,公司加入款式花样使得产品能为市场所接受,这就是所谓的"形式追随功能"或"由里到外的设计"。与其相对的是"形式优于功能"或"由外到里的设计",后者是由工业设计者设定产品研发的参数[15]。这些不同的设计方法反映了对设计目的的不同解释(以及设计功能在公司内部的不同位置)。举个例子来说,销售人员和销售主导公司普遍将设计认为是生产独特的产品和吸引消费者购买的手段,同时使得市场更容易将公司的产品与竞争对手的产品区分开来[16]。

但是,设计的目的远远不只是在于外观美学方面,正如设计委员会所指出的:"设计工作是一个过程。在这个过程中,公司将技术能力以绩效、个人因素、外观和货币价值等形式聚焦在客户需求上。"[17]然而,说起来容易做起来难,因为设计者处于生产者和使用者的临界点,所以他/她对用户的了解通常是不完全的。在理想情况下,设计一样新产品,设计者不仅仅寻求理解用户的正式需求,也会试图理解用户的预想和偏见。Moody 说:好的设计是对用户的连续性延伸,而差的设计则和用户的预想及行为是"心理上不相兼容的"[18]。

当设计聚焦和不聚焦在用户需求上时

许多从事设计的作者都强调聚焦于顾客和用户需求的重要性。Pugh"总体设计"的第一条原则就是"用户需求/顾客要求/顾客声音对产品成功与否来说是至关重要的"[19]。在 Freeman 看来,设计在匹配用户需求和技术可能性方面扮演着很重要的角色[20]。Archer 将设计看成是一种手段,用来"发现购买者所重视的一组属性,以及如何利用这些属性构造出价格合适的产品"[21]。最后,Walsh 等人将设计描述成"市场需求、发明或创新性思想以及将它们转化为适合生产和使用的产品这三者之间的重要纽带"[22]。

无论是工业设计还是工业中的工程设计,共同的目的是要将一项产品的效用或功能提供给用户,并且要以与包括成本在内的用户要求完全兼容的方式。不过,设计者经常只是宣称它们知道用户想要什么,或者假定他们的需要就是用户的需要[23],最终反而忽视了用户的需求。比如,许多产品未考虑到习惯运用左手的顾客,从马铃薯削皮器到复印机的设计者(大多数人习惯用右手)很少注意到或者意识到这些产品给惯用左手的顾客带来的不便。

而 OXO International 公司则致力于提供方便日常生活的创新型消费产品。比如,老年人因年龄原因而不能用手握紧东西,该公司就生产一整套把手相对较大且软的厨具,来匹配不断增长的老年人细分市场的需求。这项产品反映了 OXO 公司"普遍设计"的哲学理念:"使得产品更为便利地为广阔范围的可能用户使用。"

Rothwell 对于有效的设计的理解是:每一代产品都会被改进以更好地适应用户的需求、行为和特质[24]。在同一个时期,用户可能会太习惯于一项设计以至于形成思维定式从而认为该设计很"自然"。一些"主导"设计就是这种情况[25]。举个例子来说,当作战坦克第一次被发明出来时,人们试图使其能够像昆虫一样行走和像鼹鼠一样打洞。如今,能行走和打洞的坦克听起来更像是科幻小说里的东西。尽管已形成的外观并没有隐藏着所谓"自然的"或必然的东西,但我们都知道坦克是在车顶配备一杆枪的履带式汽车。

设计是变化的里程碑

不同产品会有各自独立的技术创新,当有一项新产品能把这些综合起来,并占主导地位时,这种设计就是变化的里程碑。主导设计的出现强化了标准,并带来生产中的经济效应,且在出现之后使得成本和性能成为产品竞争的焦点。

过去的产品设计的一些里程碑包括家庭冰箱和冷藏柜的密封制冷机组、食品罐装行业中的有效封罐技术以及铁路行业中的标准内燃机车[26]。在这些例子中,每个里程碑标志着一个显著的变革,而这种变革影响了后续创新的类型、规模和范围,影响了信息的来源以及利用正式研究和开发的程度。

其他人,如 Pinch 和 Bijker,认为主导的产品设计是基于社交构建的,并且有概念界限。他们同时认为,设计过程与用户及设计者的预想和偏见是有内在联系的[27]。第 2 章中提到的苹果公司的 iPod 就是产品设计快速主导市场的例子,它是融合了技术创新和社会建构思想而创造出来的自我强化系统,在这个系统中,用户期望的是 iPod 机器、配件和附属服务的组合。

总的来说,虽然设计活动可以引起新技术的创造和使用,但它不只是狭义地创造或使用新技术,当然也不只是为了新技术本身而创造或使用新技术。狭义地讲,将新颖的技术转化为产品,技术创新仅仅是部分关于新技术的研发,它还包括创造和整合概念和思想,而这些概念和思想是新的或相对于以往有巨大改变的。如果设计者和用户将产品与一些根深蒂固的惯性思维相联系,这样未免太过保守。比如,一家获得过设计奖的公司引进了一种玻璃纤维增强塑料的油罐卡车,这种卡车和现有的金属油槽相比,在安全性能方面有很大的优势,但是却没能在市场上获得成功。当被问到公司的竞争者对这项创新做出何种反应时,公司这样写道:"他们一直认为只有金属油槽才是合适的,正是由于这一根深蒂固的观念的存在,这一项新技术未取得成功。他们本来是对的!"

同样,在生产方面,James Dyson 发明了在英国市场处于龙头地位的无集尘袋吸尘器,刚开始却不能说服已有的厂商来生产这项产品。还有,当有人向乐高提供一条与其玩具系统相似的 K'NEX 概念时,乐高拒绝了 K'NEX,而后者如今是乐高最主要的竞争者之一。

James Dyson 和无集尘袋吸尘器

James Dyson 的"双气旋"吸尘器有趣地阐述了基于设计的创新。作为一名接受过伦敦皇家艺术学院训练的设计师,Dyson 逐渐对集尘袋吸尘器感到不满意,因为这种吸尘器只要一堵塞,那么吸尘能力就会大大下降。他识别出问题的出现是因为集尘袋内壁上吸附的灰尘越来越厚,降低了吸收能力,从而减弱了吸尘器的效果。受到锯木机使用气旋来清理灰尘的启发,Dyson 在没有气旋物理理论知识和工程背景的情况下,于 1978 年着手开发无集尘袋吸尘器。

Dyson 相信一个人能从犯错后的改进中学到许多东西,并且这个过程一定要短暂且低代价。在设计吸尘器的过程中,他用硬纸板设计了 5000 多个产品原型,并一一进行试验。他的方法例证了第 1 章阐述的"探寻和试验"。

五年后,Dyson 有了一个有效的原型,申请了一些专利以保护这个想法,并开始向包括 Hoover 和 Electrolux 在内的现有吸尘器制造商授权生产他的设计(见图 3-3)。但是他却不能和这些生产厂商达成一致。一个原因是因为他追求过高的忠诚度。但是很显然,当时的厂商采用的是"剃刀刀片"式的营销模式。在这种模式中,利润的主要来源并不是最初的吸尘器销售,而是如集尘袋等易消耗品的后续销售。因此,这些厂商并不急于尝试 Dyson 的发明。这种结果迫使 Dyson 自己进行生产。1992 年,他冒

图 3-3 Dyson 的产品

着很大的风险开始进行生产。当时他并不知道消费者是否也跟他一样对集尘袋吸尘器不满意以及他们是否愿意为无袋式吸尘器支付额外的费用。Dyson 也不能预期会有多少现有厂商对他的生产做出反应。（Hoover 随后表示说很希望自己已经获得了 Dyson 的发明的特许生产权以便将这种产品藏匿起来。）[28] 另外，风险投资家对吸尘器产品不感兴趣，而且希望公司创始人是工程师而非设计师。因此，Dyson 在资金极少的情况下开始生产——少到只够为借来的工厂添置生产工具。

有着设计师技能的 Dyson 很重视产品的质量和样式，因此他的产品比现有的大多数吸尘器更吸引人。他忽略市场调研，而是将他的机器透明化，因为他发现这能激发购买冲动。Dyson 专注于客户服务，这有助他掌握产品的不足之处，同时也加强了这间新公司在消费者中的声誉，而消费者向其他人直接推荐产品会比任何广告都有作用。Dyson 的另外一项创新是把帮助热线的电话号码放到产品上。遇到问题的用户只要用手提电话轻松地拨打该号码，并将电话放在机器上面，于是马达信号和序号就会传输到公司去，通常这就足够用来对问题进行远程诊断。通过序列号，公司也能知道用户的地址以及谁能最好地做出反应并提供帮助。

在市场方面，Dyson 吸取了 Hoover 的教训。Hoover 1992—1993 年的"自由飞行"营销策略失败[29]，这次失败摧毁了一个现有的关键竞争者的声誉。Comet 和 Curry's 这两家英国电子产业链中规模最大和占据最突出行业地位的公司认可了 Dyson 的产品，它们在各自的商店里销售该类产品。而这一举动也提升了 Dyson 的品牌知名度。即使 Dyson 以两到三倍于竞争产品的价格出售他的吸尘器，该公司依然能快速渗入市场。在两年半的时间里,"Dyson"成了英国销售量最大的吸尘器。

如今,Dyson 的成功改变了整个行业。大量的行业新进入者跟随模仿 Dyson 生产无集尘袋吸尘器。同时,Dyson 持续创新,在过去的 10 年中引入新的强化的产品。他坚持自己的观点,认为鼓励创造力完全就是一个人的行为问题。把帮助热线号码放到每台机器上面看似愚蠢,但永远别对这样的想法冷嘲热讽,而反过来,应该鼓励那些能从中学到东西的错误。

外部设计服务的增长

最近几年,英国和其他国家公司对设计服务的购买呈现显著的增长。英国设计协会/设计委员会的"设计行业评估调查"显示:2002 年英国的设计咨询行业有大约 3700 家公司,利润几乎达到 110 亿美元(60 亿英镑),有 67000 名左右雇员[30]。与早期的几份研究比较显示,这些数据至少从 19 世纪 80 年代中期就开始持续增长[31]。

近几年设计咨询的快速发展表明了设计活动从生产活动中分离出来的趋势越来越明显。这种分离体现了设计实践中增加的价值可能确实会超过生产过程增加的价值。同时,这种现象说明了设计行业正在从传统意义上的创新模式转移。在旧模式中,设计或更广义的新产品开发功能是作为公司内部的一种生产过程[32]。

进行一系列的安排工作是可能的(见图 3-4)。公司可能会就其设计要求与顾问公司签订合约,外包给其他机构。或者,委托公司可能会保留主要设计能力而与一个或多个设计顾问合作开发新产品或服务。第三种可能是监控模式:委托公司本质上保留设计新产品和服务的能力,而用一个或多个顾问来监测更广的趋势。

在以上做法中,我们应该深究每种方法的长处和劣处,而这反过来又产生了如何最有效地管理设计和新产品开发的问题。虽然在图 3-4 中,生产者最初将设计活动承包给顾问咨询,但毫无疑问,这种关系已经反过来了:设计顾问为合同厂商有效安排制造工作[33]。

表 3-1 展示了英国从事工程设计和咨询以及产品设计咨询的公司的区间分布及规模。这些数据表明,设计咨询公司主要是小规模经营,并且是群集在一起的[34]。

制造环节新产品开发传统模式

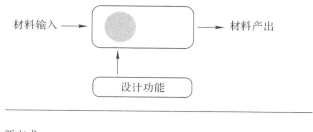

新方式

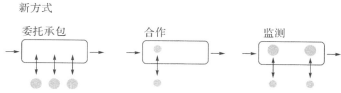

图 3-4　委托公司与设计顾问之间变化的关系

表 3-1　英国产品与工程设计顾问的区间分布与规模

员工人数	产品设计			工程设计		
	伦敦	东部和东南部	其他地区	伦敦	东部和东南部	其他地区
0～5	48％	60％	60％	47％	62％	57％
6～10	18％	16％	14％	15％	12％	15％
11～20	14％	7％	9％	12％	6％	11％
21～50	9％	11％	7％	9％	10％	7％
51 以上	11％	6％	9％	18％	11％	10％
总计	100％	100％	100％	100％	100％	100％
公司占比	37％	28％	35％	17％	42％	41％
雇员占比	40％	26％	33％	21％	42％	37％

来源：british design initiative 数据库。

　　表 3-1 没有反映的一点是这些运作随时间是如何变化的。比如，设计者可以重新开始开发新产品，也可以只是简单地将现有产品应用于当地市场。有时候，这些公司仅仅只是为激发产生一些甚至都不准备生产的想法或主意[35]。再者，表 3-1 没有解释为什么相似公司（此处为设计公司）会聚集在一起。

红眼静脉滴注显示器

George Gallagher 从没想到去医院探望他生病的妻子会启发他创造出一种产品，并赢得 2001 年 BBC 的"明天的世界健康"（Tomorrow's World Health）创新奖。当时他妻子 Jenny 正在接受标准质量静脉滴注，但是他注意到要那些忙碌的医护人员控制和监测滴注是很困难的。他认为应该会有更简便的方法。初步调查显示，现有的输液监护仪的成本在 2600 到 7100 美元之间，而且这些仪器都被留给了最严重的病人使用。

Gallagher 看到了能用于标准质量静脉滴注的低成本输液监护仪的潜力。凭借其作为控制工程师的背景，他开发了一个使用红灯光纤系统传感器的原型设备。这种传感器能计数滴注频率并能在滴注停止时发出声音警报。一台这种设备成本为 700 美元，是现有机器价格的四分之一。

虽然没有任何生产和营销的经验，Gallagher 决定自行制造这种产品。在一个总部位于加的夫（Cardiff）的产品设计咨询公司的帮助下，他对原型在美观和功能方面进行了改善以创造出"合适的产品"。新的模型不仅可以监控滴注频率，也涵盖了数据记录技术。这种技术使得药物治疗的主要信息能被下载到设备上，并被医护人员用于进行更好的病人护理管理。

公司集群

我们经常观察到相似的公司有群集的趋势。匹兹堡曾一度作为钢铁和铁路设备产业中心而闻名，底特律的名气是因为它拥有超过 100 家汽车公司，而代顿则是作为航空业的先驱和汽车配件产业而出名，该城市活跃着将近 1000 名创新者。

如今，半导体公司更倾向选址于旧金山一个名叫"硅谷"的区域，而微型计算机公司在其鼎盛时期则基本都位于波士顿区域。另外，世界上三分之二的新生物技术公司坐落于北加州和新英格兰地区。米兰因为时尚消费品而闻名遐迩，而瑞典则是因为工业设备和产品使用起来容易且舒适、安全健康或符合人体工学的价值而受到推崇。

为何波士顿、硅谷、伦敦、斯德哥尔摩、米兰和其他著名的地方会在超过一个世纪的时间里产生从纺织、造船、制鞋和机床到器械、电力、计算机、软件及生物技术各种产业的公司集群呢？"综合城市体是否有额外的内在优势呢？这些优势包括大学或其他研究机构、一批有技能的劳动力、人们从大学到公司和从公司到公司的顺畅流动、基金和风险资金的可得性、有很多强调产品特性和功能的领先用户（通常包括军方和其他政府机构）、设计工具和服务以及其他大范围互补产品的可得性。"[36]

标准的经济学解释认为，当其他要素一样时，生产商和供应商应该分布得更广泛，但公司集群违背了这一标准经济学解释。其最简单直接的原因可解释为这种集群源于某种资源优势。显然，酒业集中在有良好葡萄生长条件的区域内[37]。另一种解释是公司可以聚集目标消费者，甚至可能使对购买行为的研究更有效率。因此，我们在纽约第五大道看到昂贵的零售商，而集中在十四大街的则是折扣商店[38]。

这些解释本身就很有吸引力，在特定的案例中也显然正确，但并非总体全都正确。现代观念认为，商品更自由的流动，以及信息和数字内容几乎无成本的分布使得公司可以毫无限制地选址。但公司集群否定了这一观念。到底什么潜在过程能帮助我们理解实际所看见的呢？

或许我们看到的是人力资本和专业技能集中和现成可得的结果。从这个意义上说，人们可能不如商品或信息流动性那么强，或可能是有"黏性"的资源。这种解释理所当然地对聚焦于科学和技术的大学出现在波士顿、旧金山、斯德哥尔摩等地以及聚焦于设计的大学出现于米兰这种现象做出了解释。大量有技能的人和大量的专业公司同地协作，这就产生了丰富灵活的就业机会。

一般情况下，城市化和经济发展强化了产业集群。集群化的供应商似乎能带来更高的效率。更大规模和更多样化的集群似乎能带来更大范围的资源整合、想法交流以及不同发明趋势的碰撞和综合[39]。最后，似乎较大规模和多样化的集群比那些小规模或更狭隘的聚焦于某些方面的集群更能抵抗经济冲击[40]。

核心母公司的存在是另一种可能的解释。比如，硅谷包括英特尔的超过一半的电子公司都可以将公司或至少公司的一部分的起源追溯至单一的一家公司。核心公司 Fairchild 半导体公司是从 William Schokley 创立的 Schokley 半导体公司分裂而来的[41]。Digital Equipment 公司似乎也在波士顿地区扮演过相似的角色。可能微软公司如今在西雅图周围复杂的软件公司环境中也正扮演这样的角色[42]。人们可能会猜测说一家核心企业成长得越快,所使用技术的市场潜力越大,那么它创立的所谓分拆公司就会越强大。这是基于这样一个事实:单一公司可能不能简单地追求和利用丰富的环境中的所有机会。但是,强大的核心公司的出现似乎就是这种规则的例外情况[43]。

将以上各种论证综合起来,相对于以上各种分离的解释,所观察到的现象似乎更符合作者的观点。如果真是这样的话,那么肯定有更深层的东西在起作用。一种可能的答案就是,信息看起来跟人一样不会轻易流动,这也许是因为当信息被人所携带时,其传播是最有效率的。我们假设信息总是清晰且有序编排的[44]。这种情况可能在一些科学中是基本正确的,但在工程和技术中准确性没那么高,而在设计和美学中则更低。事实上,这些领域的知识似乎是不言而喻、根植于经验中并服从相应解释的。因此,沟通就需要对话、商谈、建模、画图、验证、试验和解释。从定义上来说,隐性信息是很难记录下来、很难精确检索的,同样隐性知识也难以被独自掌控、占用或为其申请专利。从这个意义上来说,这是在目前技术范围内的情况。同样显而易见的是人们倾向于搜寻所有的信息,尤其是隐性信息,并且首先会是从周围的邻居和他们最亲近和信任的信息来源开始,一般情况下只有当这些信息不充足的时候才会向外延伸。因此我们相信,当公司要求的信息是隐性或快速变化的时候,最重要的是创造公司与公司之间的接近性。

这些论证表明,当较好的技术机遇伴随着较低的专属权时,我们理应期待更多的子公司和更多的快速成长的集群的出现。沟通渠道越多且成本越低,可能被创造出来的想法和创新的数量就会越多[45]。当个体离开大学和实验室而在工业界中求职时,知识经常从科学基础流到实践中。我们猜测一个更快速发展的产业将会吸引更多的年轻雇员或创业家,从而会有基于科学的、更迅速的知识扩散和技术机遇的强化。换句话说,这些是发现设计公司、风险投资公司、专利代理人和其他创新服务的理想的条件。

在英国,设计公司在伦敦附近有较强的集中性。单单是伦敦就占了全英国设计公司超过一半的收入和工作量,经济总量却只占全国 16%。图 3-5 就阐述了这样一个区域集群。值得注意的是,在伦敦、英格兰东南部区域,生产活动(基于北部和海外)和创造性的、基于服务的经济之间,似乎正发生着功能分离和地域分离,那么为什么伦敦的这个集群会存在呢?我们看到的英国设计公司之间的群集似乎是源于设计工作的隐性性质,而这迫使设计者相互之间保持密切沟通,以便能够交流那些不容易长距离传播的信息。显然,设计工作对更频繁的和非正式的沟通的需求比生产工作大。

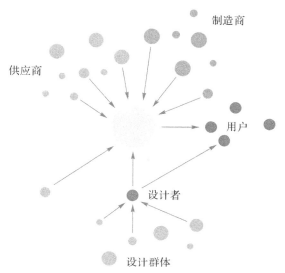

图 3-5 设计顾问、供应商、和生产商的区域集群

集群为了什么？

我们对集群的中心观点是："创新型企业的选址主要是个人沟通网络和联系共同起着作用的。作者已经接待了很多官员和学者的访问团,每一个都是为了探寻位于波士顿第 128 大道和硅谷的旧金山湾附近的创业企业群体的秘密。盲人和象的寓言经常被用来描述人们在这一过程的表现。银行家们从研究风险资本和金融的视角解释成功的关键,而教授从当地大学的研究资金的角度来解释,开发者从房地产市场和科技园区来解释,政治家从政府项目等来解释。不可否认的是,所有的这些都是有帮助的,放在一起是有价值的。但是,我们认为问题重要性的关键要素在于该区域内人的技能和知识,在于公司的能力和灵活性,在于他们的顾客的成熟度和给予公司的鼓励。"[46]

集群将贯穿在整本书中,我们将会看到聚集在波士顿地区、瑞典和米兰的设计公司集群的例子。在几个特定的产品案例后,我们将回到这个概念本身,之后我们试图揭开设计公司和其他相似的集群产业之间的联系。

Freeplay 的发条产品

1993 年，Trevor Baylis 在收听一档非洲关于艾滋病的电视节目时，听到解说员说，如果人们能够听到怎样避免这些疾病，那么这些疾病的传播速度将会大大降低。不幸的是，非洲的低识字率使得书面材料不能传播，并且昂贵的电池和极少的电力使得广播媒体也难以传播。于是，Trevor 有了后来自己描述的"奇思妙想"时刻。他回忆道："我踱步进我的工作室，解说员仍然在电视里讲着，我拿起一个电池晶体管收音机，将电池连接到一个旧的直流电动机上。我知道，这直流电动机如果反着运转的话能当发电机使用。我接着将马达塞到手钻卡盘上手握钻头的地方，将把手夹在虎钳夹口，开始转动钻子的齿轮。发电机转了起来并开始产生电流。从此，晶体管收音机进入了生活中[47]。

正如 Dyson 和他的无集尘袋吸尘器一样，Baylis 在寻求将想法付诸生产的过程中遭到了一次又一次的拒绝。"我肯定走访过数百家公司，但大多数人都把我当白痴对待。"

最后，一家名为 Freeplay Europe 的新公司采用并发展了他的想法。除了发条收音机以外，Freeplay 也发明了靠发条驱动的信号灯和手电筒以及通过太阳能或发条/太阳能协同充电的电灯和收音机。这家公司在用户和产品的使用环境方面花了很大的心思。

自行供电的 Lifeline 收音机是 Freeplay 的一种产品，是特别为儿童、远程学习和人道主义项目而设计的。这款收音机很坚固、色彩缤纷、容易使用并且能接收到良好的 AM、FM 和 SW 信号。这款产品的特征包括一根普通电线做成的方便更换的天线、一个附有大字印刷体方便阅读的彩虹形状刻度盘以及背部方便儿童使用的弯曲把手，这个把手可以转向任何方向来为收音机充电。在充满电的情况下，Lifeline 可以最多使用 24 个小时。它还包括一个被置于可拆卸的防水盒子里的太阳电池板。

Freeplay 的目标是"通过值得信赖的品质来提供自由和独立，进而获得自主"。这家公司致力于权衡赢利和社会公正：在为股东提供回报的同时，保持完全的诚信透明和为员工的个人满足、公司运作的社区和产品的用户做出贡献。

尾注

1. "耐克和苹果将开发 iPod 跑步设备(iPod 运动鞋):系统将允许鞋子和播放器实现性能", *Boston Globe*,14 May 2006,p. E2.

2. 参见 J. M. Utterback,1994,特别是第 9 章有关于这些观点的详细讨论。

3. V. Walsh,1996.

4. 在 B. Verspagen 和 C. Werker 2003 年著作中所称的"创新和技术变革经济学的无形学院"中尤其如此。

5. 过度集中于所谓的高科技、研发密集型活动并不是什么新鲜事,它是经合组织《奥斯陆手册》和随后的欧洲共同体创新调查的主要动因之一(见 OECD,1992)。

6. Walsh,1996.

7. P. Gorb and A. Dumas,1987.

8. Walsh,1996.

9. Walsh,1996.

10. 在左上角的象限中,设计本质上与符号和交流有关,比如通过图形和品牌形式。这不是这次讨论的重点。

11. T. Maldonado,1964.

12. V. Walsh *et al.*,1999.

13. N. Cross,1995.

14. S. Moody,1980.

15. Moody,1980. 正如 Design Continuum 的董事长兼 CEO Gianfranco Zaccai 所分享的,在讨论"功能遵循形式"时,还有第三类,即"功能遵循意义",因为"形式"暗示了设计过程中对造型的关注,而更好的设计师专注于揭示人的价值,并将其转化为对产品和服务的更全面的体验,也就是所谓的"格式塔"(心理学术语)——苹果的故事就是最好的例证。

16. V. Walsh, R. Roy, M. Bruce, and S. Potter, 1992.

17. Design Council, 1992.

18. Moody, 1980.

19. S. Pugh, 1991.

20. C. Freeman, 1992. Quoted in Walsh *et al.*, 1992.

21. B. Archer, 1976. Quoted in Walsh *et al.*, 1992.

22. Walsh *et al.*, 1992.

23. Walsh *et al.*, 1992；M. Akrich, 1995.

24. R. Rothwell, 1986.

25. J. M. Utterback and W. J. Abernathy, 1975；W. J. Abernathy and J. M. Utterback,

1978；P. Anderson and M. L. Tushman，1990.

26. 更全面的讨论参见 see Abernathy and Utterback，1978.

27. T. Pinch and W. Bijer，1987.

28. 由 MIT 的 James Dyson 提交，26 April 2006.

29. 1992—1993 年,胡佛真空吸尘器公司(Hoover vacuum cleaner company)为购买其产品超过 100 英镑的客户提供免费往返航班。但是,成千上万符合条件的客户无法获得他们的航班,最终他们提起了诉讼。随之而来的和解和糟糕的宣传,花费了胡佛约 4800 万英镑,这一事件也被认为是商业公关的主要灾难之一。

30. 相比之下,2002 年英国工业在外部研发上的支出约为 20 亿英镑,并且大约有 1000 家研发企业,员工约为 9000 人。

31. B. McAlhone，1987；A. Sentence and J. Clarke，1997.

32. 与此同时,J. Howells 指出,1985 年至 1995 年间,英国在外部研发上的实际支出翻了一番,而企业研发支出总额仅增长了 14%。结果,外部研发占企业研发支出的比例几乎翻了一番,从 5.5% 增加到 10%（Howells,1999）。

33. 有人可能会问,是什么让设计公司无法独立完成这项工作。这里所述的安排提出了权力和依赖性的问题（见 R. Coombs *et al*.，2003）,虽然设计和制造将是独立的,但它们之间的相互依赖在多大程度上是对称的还有待商榷。

34. 注意,这些公司可能不只从事一项活动,甚至不只是一项设计活动。例如,其中一些企业可能是为其他企业提供设计服务的制造商,但记录的规模是该公司的总员工人数。此外,一些只从事设计活动的企业实际上是在从事各种设计活动。例如,有 133 家企业被记录为同时从事产品设计和工程设计。

35. 他们可以被视为隐性知识的"发声器",其中"发声"是一个通过图纸、平面图、模型等来表达的过程。

36. J. M. Utterback and A. N. Afuah，1998.

37. L. Canina，C. A. Enz，and J. S. Harrison，2005.

38. G. Ellison and E. L. Glaeser，1999.

39. As suggested by B. Harrison，M. R. Kelley，and J. Gant，1996.

40. E. J. Malecki，1985.

41. P. Almeida and B. Kogut，1999.

42. R. Pouder and C. H. St. John，1996，p. 1176.

43. A. K. Klevorik，R. C. Levin，R. R. Nelson，and S. G. Winter，1995.

44. Almeida and Kogut，1999，p. 908.

45. Klevorik，Levin，Nelson，and Winter，1995，p. 186.

46. Utterback and Afuah，1998，p.184.

47. N. Skeens and E. Farrely，2000.

第 4 章

管理设计过程

可以发现，一个产品仅靠功能完善并不能保证其在市场上取得成功。正如第 1 章里提到的，还有一些要素至关重要，那就是"取悦顾客""精致""简单"。在仔细审视一系列产品的产品寿命和销售量之后，我们发现只有一小部分能真正取得成功。这些脱颖而出的产品在为企业带来了丰厚的效益和市场份额的同时，还展现出它们的长久不衰。

这些成功的企业并不是将所设计的产品急切地推向市场并据此修改这一系列的其他产品，而是很仔细地去分析设计架构和用户使用界面，始终把用户体验和用户价值放在首要位置。通常经典的设计都是基于采用和竞争者同样的技术和部件，但通过设计者的理念和整合，可以使得在顾客看来，这种产品有着非同寻常的意义。

从美国和英国的调研中，我们发现了很多印证这种观点的证据。这些企业的产品创新和研发都在很大程度上依靠设计者、工程师以及身处于传统企业边界之外的参与者。进一步的，它们很多都将上游供应商作为技术和部件的研发来源，这种趋势也就是所谓的"开放式创新"[1]。这种情况要求一个企业如果要想获得成功，就必须有一个优质而杰出的产品或服务理念，然后必须对任何有助于这种理念实现的力量给予支持和帮助[2]。在实现这一战略的过程中，也有企业走了弯路。它们只是想通过扩大规模和大量低效的兼并获取外在的研发设计力量。[3]

我们认为，唯一可以逃脱"破坏式创新"的途径就是持续地向用户提供杰出的产品和服务，并提高产品和服务的融合性。这是一个很远大的目标，即使是巨头企业也不是一直能够达到的。就像索尼在个人音乐播放器上起初是独占鳌头，但最终败在了以 iPod 为代表的数字音乐播放器上，这并不是一个意外，而是一种规律。四家成功的领先企业中有三家在下一代产品竞争中落败,尽管这些企业可能是技术领先者——就像索尼在数字音乐产业那样。当新的产品理念刺激整个市场容量急剧增大的时候,在位企业会变得更加不堪一击。[4]

在这一章我们将介绍怎样才能设计驱动创新?设计经典是如何构思和创造出来的?怎样整合那些既定的设计理念、部件组合、产品原型?对产品改造和实验有哪些必要的工具?现有和新兴的整合工具有哪些?

为求解答这些问题,作者采访了机动轮椅、轮椅运动方向的主要设计者,这些受访者主要分布在波士顿、瑞典、伦巴第以及外围的地区。本章及后续章节将会呈现调查过程中的一些想法与解答。

一个理想的设计

设计可被定义成子系统以及子系统之间的连接或界面。子系统可能是由单一部件构成或诸多有着各自连接界面的部件共同组成。设计过程就是关注子系统之间的合成和整合。在特定时间一味地追求某个部件或者某些部件的技术改进性能,并不能产生长久的产品设计或设计经典。相反,以一种新的方式或者原创的方式将这些部件进行合成和整合,尽管并不涉及新技术,但提供了一种全新的性能体现。在工程学中,这也就是抽象的产品架构,或者也可是产品平台,即某个特定的产品以及在其基础上的改动或其他系列。

这种情况在节能的需求中最易发现。混合发电系统就综合了燃气涡轮发电机和蒸汽涡轮发电机,利用前者散发出的高热量转化成蒸汽供后者使用。这种看似简单的整合设计带来的效率是分别使用两种发电机效率的两倍多。混合动力汽车也是整合内燃机、电池、电动马达来改进它们分别使用时的功效。当内燃机功率不足时,由电池来补充;负荷少时,富余的功率可用来发电给电池充电,这样,汽车整体的功效得以大大提升。

在整合设计或者产品中,局部最优是一个关键的问题,即过分追求某个部分的最优而忽视了整体。在这个方面有一个经验法则:如果追求每个部分的最优化,那么整体不可能成为一个理想的设计。如果是一个理想的设计,为了让部件之间能够顺畅地连接和配合,在部件的选择和设计上必定有着权衡。关于此点,Iansiti 用了一个非常有趣的类比:高山滑雪运动员 Franz Klammer 在每个世界杯赛季都获得总冠军,但却没有一站获得分冠军，他就是在比赛这个竞赛"系统"中整合好每个分站"部件"的优势，最终取得成功。[5]

设计中整合的力量

道格拉斯公司 DC-3 运输机为我们提供了一个整合设计中不同要素的鲜活案例。DC-3 飞机是史上最重要的运输机，并且一直到现在都还在飞行。

或许大多数读者都不是非常了解喷气式飞机出现之前的历史。DC-3 这款飞机就是那个年代整合先前生产的飞机所有的创新元素，并且为之后 20 年的民用飞机设定了标准。它不是当时最大的飞机，也不是当时最快的飞机，更不是航程最远的飞机，但它是足够大、足够长，以非常经济的代价能够飞行足够航程的飞机。市场非常认同这款飞机，以至于自 1936 年进入市场后，在 20 世纪 50 年代喷气式飞机出现之前，民用飞机基本没有什么大的变动，都沿用 DC-3 的初始设计。[6]

这款统治航空业近 30 年的飞机并没有多少原始创新，而是整合了 33 个分别在其他飞机上测试过的设计。这些设计在现在看来理所当然，比如伸缩起落架、双引擎、全金属架构和双缝襟翼。[7]

Ackoff 用设计汽车的例子诠释了合成和整合的重要性。他解释道，假设要设计一辆汽车，如果从活塞、内燃喷射器这些部件着手，追求这些部件的最优，那么即使我们拥有了一系列性能最好的部件，也没办法将它们整合成一辆运行正常的汽车。事实上，几乎不大可能将这些最好的部件进行整合，唯一可行的方法是先从整体考虑，也就是先确定每个子系统能够展现出来最低的性能，然后依据这些选择恰当的部件。设计的本质是整体性和整合。追求部件的最优化并不是一个好的战略，但实际上这也是大多数企业正在采用的战略。[8]

另一个引人注目的例子就是 Alvin Lehnerd 在百得公司（Black&Decker Company）从事的设计工作。百得一直致力于电动工具的设计和研发，当 Alvin Lehnerd 面对着几十年不变的产品和设计时，他决定重新设计整个产品族。在那之前，他的每个产品都致力于在当时的市场环境和时代中成为"最好的"，并没有考虑到未来产品的定位、发展。这也是另外一种"局部最优"的体现。Lehnerd 和他的企业将所有企业提供的产品整体考量，如同在一张白纸上设计一样重新设计。

以上两个案例都涉及了"怎样才能成为理想的设计"。通常我们都要思考：如果产品或者产品族都可以同我们此时此刻所设想的一样，那么它们今后应该朝哪个方向怎样变化？追寻这个问题的答案就要将我们自己设想成产品本身并且设身处地的考虑产品周遭的各种环境。当我们确定了这个方向后，能不能找到能够支撑现有资源和知识朝向这个目标前进的路径？如果不能找到这样的路径，那么能不能通过修改调整目标来形成一条可行的路径？

我们都知道要制定目标，然后列出现有资源、限制、时间、距离等条件。在实现过程中，最基本的优化问题就是，在这样的限制条件下我们在何种程度上达成目标。通常我们都会问三个问题：我现在处在哪里？我想达成哪些目标？要达成目标，眼前最该做哪些事？

Ackoff 声称通过这种方法至多只能发挥五分之一的潜力或设计力，因为我们限定了很多约束条件。实际上，我们应该在设计的时候忽视这些限制条件，想想我们要做什么，以及如果可以随心所欲，我们的设计应该是什么样的。当然我们不能违背物质永恒运动以及热力学定律这些法则，而且这种设计的目标要符合两个条件——合法的以及合乎伦理的。一旦这种目标确定后，我们就应该考虑为达成这种目标或设计有哪些限制条件可以被放松或改变，以及这种放松改变的程度。突破既定的限制是另一项设计过程的本质。

在努力达到某个目标时，我们都会受到某些限制条件的限制。这个时候，Ackoff 的建议是，我们可以稍微偏离一下心中的理想设计，尝试着去考虑没有这些限制条件时其他类似的设计。通过这种方法，我们就有可能找到先前想不到的目标设计。经验表明，当约束条件被放松时而不是在既定限制条件下追求最优时，能够多发挥五分之四的潜力或设计力。

回顾百得公司的案例，对 Lehnerd 而言，一个理想的设计应该审视产品族各个成员之间的关系和链接。这些成员中有哪些共同的要素？百得公司分析得到最重要的要素是电动马达，其次是外罩、传动设置、开关等。随后，百得开展了模块化马达、线圈的设计，并使得这些模块可以通过卡槽插件彼此连接。这种模块化的设计非常适用于自动化制作的方式，并且当采用六边形连接时，可以大大降低原材料损耗。百得公司这种方式生产出来的电动马达可以用于各种耗电量在60～750瓦特之间的电动工

具上,并且不需在原材料、制造过程、部件连接方面进行修改。[9] 如今这款
电动马达的电压、频率区间很长,因此在全世界被广泛使用。

在这个项目之前,百得公司需要为 30 种马达、60 种机壳、140 种电枢分
别设计独立的制造工具,这种繁多的种类又要求上千种的零部件,极大地增
加了成本和复杂性,并更有可能产生制造过程中的品质问题。制造流水线
改造和模块化设计使得百得公司降低了 85% 的劳动力成本、40%～85% 的
原材料成本。类似的对于传动设置、开关等的模块化设计,都极大降低了企
业所有相关产品的成本,这使得最终在消费市场上百得的产品价格极具竞
争性。

我们来详细看看一些产品设计的具体方面。

产品架构和模块

我们首先介绍架构和模块化。产品架构是指对子系统之间的界面或连
接的描述。产品架构的实例就是产品设计。索尼的所有随身听就有着相同
的产品架构——读磁头、磁带驱动器、操控装置和耳机。对这些架构的调整
和组合就能设计出针对市场中不同偏好和价格的产品。为了达到这个目
标,索尼公司首先就致力于完善其产品架构,整合产品架构中基本要素及界
面连接。

百得公司的模块化马达和机壳的设计也使得其能够拓展产品线,产生
诸如旋转剪床等新的产品设计。采用这种方法,百得以每三个星期的时间
设计出新的产品模型,在六个月内就可以用这些模块重新整合成新的工具。
在这种产品创新体系下,百得家电的新产品质量提升,价格降低,业绩也在
10 年间增加 10 倍,从 2 亿美元,增长到 20 亿美元。[10]

要想取得非凡的成功,必须用动态思维审视市场。如果企业只通过关
注于那些高价格承担、高利润攫取的边缘市场以获取高业绩,那么这将十分
危险,因为这种高端战略使得企业面临着其他通过模块化设计提供质优价
廉产品的企业带来的激烈竞争。随着技术的发展,后者生产出来的更简易
的产品在性能上更能满足用户的需求,并直接侵蚀着高端市场的利润。就
像今天,一辆丰田的雷克萨斯汽车在性能上已可媲美其他的高端车型,但价
格只有后者的一半。一个稳健的增长战略是要面向整个市场的,是要致力
于成为产品基本款式最低价格的提供者,就像索尼公司和百得公司所做的

一样。设计公司可能比它们的客户更能觉察到市场上的细分与价格节点，因为这些公司整合了分布在多个行业的客户。

图 4-1 展示的是在既定产品架构下，能够用于创造和变化一系列产品的模块化方法。第 1 章中介绍的 Propeller Design 公司设计的马鞍就是利用"调换和修配的模块化"方法，第 3 章中 Dyson 和第 6 章中 Metamorfosi 的案例使用的是"共享模式化"方法。

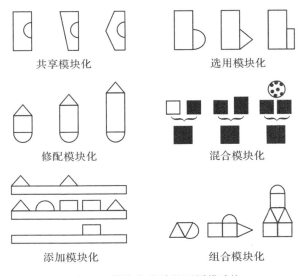

共享模块化　　　　　选用模块化

修配模块化　　　　　混合模块化

添加模块化　　　　　组合模块化

图 4-1　模块化设计的不同模式[11]

我们可以使用在图 4-1 中的方法来赋予产品变化。在电钻、电锯等各种工具中所用的可充电电池就可使用"共享模块化"的方法。通过共用的电池模块设计可以降低损耗。更重要的是当一个工具没电的时候可以拆下另一个工具上的电池以供使用。通过"选用模块化"的方式，电钻就可以配备锯条使用。定制西装就是"修配模块化"这种方法的典型应用。Levi's 就用这种方式大规模定制牛仔裤，每种牛仔裤都有不同的尺寸。当某个客户的尺寸测量好后，电脑程序会选取相符合的部件，然后缝制成"只为你制作"的牛仔裤。通过这种方法，不仅可使得客户更满意，而且这种服务方式会带来额外的收益。

在我们每次踏入油漆店或者中国餐馆时，就可以发现"混合模块化"方法的使用。在这里，你可以选择各种颜色或者各种菜式。"添加模块化"在电脑或者电话中比较常见。在电脑和电话中，各种部件都标准化，使得添加某种其他的部件非常方便。在第 2 章中我们介绍的乐高积木就是"组合模块化"的典型使用。此外,一些装配组合的建筑房屋中也是使用组合的方法建造的。

当然在图 4-1 中我们无法列举出所有可能的方法,但通过这幅图,我们可以发现使用模块化方法可以创造出各种组合、变化,并可将其用于产品的实验研发,这样就更有可能制造出赢得顾客喜欢的产品设计。

Pavitt[12]认为模块化产品架构中部件和界面应该标准化(以确保模块之间的顺畅连接),而部件之间的关系应该相对独立化(以增强模块各自的功能性),这种模块化的产品架构对于降低产品和技术复杂性可起到重大作用。他还指出,模块化使得企业可以将设计、部件生产甚至子系统外包给供应方。此外,Pavitt 强调了"模块生产网络"的形成和增长。模块生产网络是指将生产和集成模块的所有厂商结合起来而形成的价值网络,通过这种网络可以传递正式而且具体的信息。[13]但 Pavitt 同时指出,这种趋势不大可能形成一个高度具体化的系统,因为随着这种网络的发展,需要各方投入隐性知识,而传递隐性知识并不是件很容易的事情。[14]

在 Pavitt 看来,采用模块化生产的关键是整合处于不同发展阶段的技术。在汽车产业,模块化生产的挑战并不是来源于机械部件,这种部件变化得十分缓慢。但机械部件要与那些变化极快的其他技术相结合,比如电子技术、传感技术和通信技术。系统的整合以及各模块的更新和替代才是成功的关键。

Pine 认为模块化设计是降低成本和满足不同个体需求的先决条件。[15]在日本,松下通过模块化设计为自行车用户提供了 1100 万种选择。而在 Propeller Design 公司的模块化马鞍设计出来之前,大多数骑马爱好者只能从为数不多的产品中选择相对出众的产品。被使用的马匹中,约 60% 也会因马鞍选择不合适而发生后续问题。如果想要专为某个人和某匹马设计一套马鞍,毫无疑问,必将耗费很高的成本并且需要等待很长时间。但如今这些都不是难事了。Eduardo Alvarez 和 IDEO 曾开发过一个 DVD 租赁亭,接下来我们通过这个案例也会发现模块化设计的思想。

波士顿设计公司 Altitude 扩展的 DeWalt 工具生产线也是一个很有趣的模块化设计案例。Altitude 用一套 DeWalt 工地收音机可再充电池和电池充电器,造就了一份设计界的经典之作。

跳出"箱子"来思考

当美国领先电动工具制造商 DeWalt 要求 Altitude 构思一个新的工地产品设计时，Altitude 居然给了一个出人意料的方案：收音机。然而，经过一番高强度的交流讨论，设计团队居然真的要把 DeWalt 品牌与娱乐相结合。他们利用一个电池充电器、一个粗糙的遥控器和一个防滚架，最终把工业发声器开发成一种新型的广播。

Altitude 在建筑行业里做了许多深层的访谈，了解到建筑工人想用什么样的收音机，而且发现市场上现有的产品和消费者的需求之间还有很大的机会空间。基本上在一年之内，工地上会报废或者更换三四个便携式收音机。DeWalt 就应该展现出自己的收音机在工地足够耐用，但是又要省电。最终他们将一个适于 DeWalt 所有电池的充电器整合进来，既有助于维持消费者的忠诚度，又刺激了其他 DeWalt 产品的销量。

公司的全球工业设计总监 Bob Welsh 说："工地广播/充电器对 DeWalt 品牌甚至整个无线类行业而言，都是一个划时代的产品。"这款产品的销量大大超过预期，利润也非常可观。更为难得的是，产品销售多年，产品毛利率并未有大的下降。事实上，在 DeWalt 的历史上，这款收音机也是最成功的产品。它生动地说明了如何聚焦细分市场来发现市场需求。

开放透明的界面

本书在前文中提到了一个问题：多方参与的网络化的创新和设计过程会不会给产品和服务的生产商带来更激烈的竞争（图 1-3）。实际上，这是不可避免的，不承认这个市场法则会使得企业放慢自己发展的脚步，难以设计出精美的产品，随着设计成本的增加，最终丧失市场优势。同样，用户将会偏爱那些不受囿于某个特定商家或某种特定软件服务的产品。

模块化设计要想获得最大优势，模块间的界面一定要开放透明，而不是封闭专属。开放的界面会让模块供应链得到极大的延伸和扩展，这将有助于企业面对外在的竞争，并且为用户提供更大的选择空间。此外，开放的界面在极大地提升技术使用效率的同时，还可以拓宽技术的潜在应用范围。可以看到，提供优质产品但闭塞界面的企业败给那些提供稍逊色的产品但开放界面的企业并非偶然，而是一种市场规律，这些例子包括索尼的 Betamax 和 JVC 的 VHS 录像机、苹果的 Mac 电脑和 IBM 的 PC。波音公司早期的悬挂发动机吊舱设计也是这样，这种设计可自行选择飞机引擎，而其他竞争者则是将引擎封装在机翼内，最终波音获得了成功。在这些案例中，越能够包含其他合作者、越能够刺激竞争的设计最终都获得了更大的市场份额。

开放的标准和开源创新

Von Hipper 认为随着时间的演进，创新的来源会向"使用者"转移，如果这种预测成真，这将是一个对于未来十分重要的问题。他认为：创新社区（Innovation Communities）可以提升消费者或制造商发展、测试、传播它们自身创新的效率和速度。它还可以使得创新者更简单、更便捷地利用社区参与者提供的相互关联的模块来创造更大的系统。[16]

开源软件的开发是这种以社区为创新来源的典型例子。尽管这种方式在软件开发方面获得认可，但实际上以社区为创新来源的方式早已超越了软件领域。创新社区影响了一系列产品，比如汽车、体育用品、PC 等等。

——Sonali K. Shah[17]

我们都知晓设计比赛，但现如今设计比赛已经发展成创新社区的一种形成方式，并且是在全球范围内聚集所有新颖的设计创新。乐高就开放其 Mindstorm 玩具机器人代码，使得公司外部程序员通过比赛形式设计出了更多的乐高想象不到的机器人动作。[18]Core77（国外知名工业设计的网站）与知名手表厂商天美时（Timex）举办了一个全球设计比赛，主题是"天美时 2154：时间的未来"。70 多个国家的设计者畅想未来 150 年后个人携带的时间装置，有 640 多种设计最终入围，这些设计保存在"天美时博物馆"，并可以在线观看。

意大利 Illy 咖啡同样在 2004 年 4 月与 Domus 杂志合作举办比赛，要求年龄低于 35 岁的学生或者设计者围绕"享用咖啡的新方式"进行设计。在 10 个月的时间内，共收到 704 件作品，其中有一半作品是由非意大利参赛者所创的，评委会选取了 14 件作品在米兰展出。最终获得一等奖的设计概念是将展览会场的自动扶梯转化为一个流动的吧台，从楼梯进口处取咖啡,然后在自动扶梯上升的过程中饮完咖啡,并顺便浏览一下展馆的全部,然后将这只可以循环的咖啡杯塞进楼梯终点的一个机器中,那个机器将咖啡杯重塑成一张功能性的东西,比如一张展览会、秀场的门票或者一张明信片。

在韩国,手机运营商 KTF 举办了一个名为"感知手机"的手机设计比赛,聚焦于手机的有用性和款式。2005 年下半年,它最终宣布了 19 名获奖者,他们很快就可以在韩国各大手机销售商店看到自己的设计。宝洁公司(P&G)也通过精心发动联发模式(Connect＋Develop)期望它们新产品的设计至少一半来自于非雇员设计者,也就是外部合作方。[19] 尽管宝洁现有7000 多名研发员工,但通过这个新的联发模式,其可以与几百万的潜在创新者进行合作。Swiffer Wet Jet 的拖把、Olay 日霜、Crest 牙贴、Mr. Clean Autodry 洗面奶,Kandoo 纸尿布、唇膏等产品都是这种模式下的产物。

这样的例子举不胜举。通过案例可以看出,创新设计过程要求广泛的参与,而通过创新社区这类开源创新的方式进行设计在其中扮演着非常重要的角色。

波士顿的创新和设计系统

我们在英国的调研中发现,伦敦附近聚集了相当多的设计公司,设计和创新是一种集群现象。最近的研究也表明,在同等情况下,集群的设计供应商会产生更大的效率,这是因为规模大的企业集群会提供更多的资源整合方式、更多的理念和想法,更好地整合各种想法。因此,我们相信当要求的信息是隐性知识或者快速变化时,企业间的合作对于设计过程来说是更加重要的。

当技术机会伴随着低独占性出现时,我们可以期待更多的派生企业的出现(spinoff)和集群的迅速增长。沟通渠道越多,成本越低,由此带来的创新和理念也会越多。Hargadon 和 Sutton 通过对设计公司——IDEO 公司的案例分析发现,设计公司类似于一种中间人的角色,通过去获取原本不知道的知识,并在设计过程中整合各个产业间现有的知识向其下游客户企业介绍新的解决方案。[20] Hargadon 和 Sutton 认为设计者是通过组织惯例来获取、存储、调用这些知识,从而能够接触到更多的技术解决方案,而面对诸多复杂问题的企业也是通过重塑组织惯例来解决问题的。

　　波士顿地区一直以颠覆式创新而闻名。由于历史上该地区的人们从属于不同的宗教，该地区一直都是各个领域改革思潮的来源，比如人权、科学、医学以及艺术。在过去的两个世纪里，这种趋势已拓展到设计和技术创新以及产品制造领域。信息技术、软件、电子器件、医学设备和生物科技的新兴产业集群在该地区迅速发展，取代了之前的工具机械、家具制造、纺织、国防、科学仪器的企业群体。同时，金融服务、设计服务、专利法律咨询服务与大学、科研院所的发展也为上述产业替代提供了相应的支撑。在最近几年，最受关注的莫过于生物科技，大量风险投资都热衷于此。[21] 时至今日，美国境内 2000 多家新创生物科技企业中有 400 多家汇聚于此，与之能够相比的也只有加利福尼亚地区。在图 4-2 中，我们描述了这种复杂的集群现象。

　　从图 4-2 中我们可以观察到，波士顿创新和设计系统中存有丰富的节点之间的连接结构。由此，我们假设，在一个系统中参与者越多，那么这个系统的多样性会越大。此外，参与者连接越频繁，他们创新的可能性就越大。Rickne 关于波士顿、克里夫兰和瑞典的医疗植入技术的研究也印证了上述结论。[22] 在那些参与者多样性越强、沟通连接密度越大的地区，就越有可能有创造性思维的火花和各种创新思维的整合。而与此同时，那些技术公司遍布的地区或者沟通连接很少的地区则得到相反的结果。基于以上的推论，我们认为波士顿比克里夫兰和瑞典更具创新性，而实际数据也支持了我们的观点。

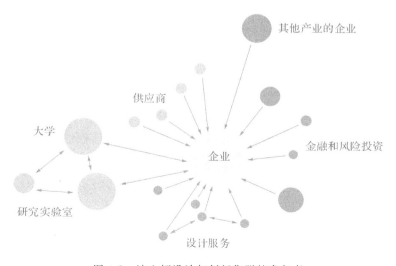

图 4-2　波士顿设计与创新集群的参与者

Hargadon 和 Sutton 也认同这一观点。他们认为当企业之间的连接建立后，哪怕是现存的一些想法理念都有可能是富有创造力的，因为这些想法与其他企业的想法相结合，可以转化形式，继而针对不同的用户提供解决方案。[23] 不同的群体对某些知识的拥有程度和重视程度不同，中间人（设计公司）就是基于此点从中获利生存并体现价值的。他们使得在网络内不相连接的群体之间构建联系，从而有助于资源的流动和配置。在他们的研究中，这种角色在企业层和产业层都可以见到，但这种角色是依靠团队或个人的行动组建起来的。

通过知识中介进行创新

要想认识到某种技术的潜在价值并依据不同产品调整这种技术，设计者必须用一些合适的类比熟悉这项技术。与多个产业相联系比只局限在某个产业更能有效地了解技术解决方案。[24] 一项针对托马斯·爱迪生实验室的案例研究表明，托马斯·爱迪生创造了一系列的思考以及工作方式，这些方式使得他的发明能够在诸多知识类别中甄选，以确保在新的条件下学习和利用这些知识。[25] 研究表明有四种通过知识中介进行创新的策略：发现知识（开拓新的领域）、学习知识（了解多个产业）、连接知识（找到未连接或被隐藏的连接）、实践知识（用新的方式组合现有知识）。[26]

波士顿地区为我们提供了丰富的设计公司的案例，我们访谈了 Product Genesis、Bleck Design Group、Altitude、IDEO 等很多知名设计公司的管理层。[27] 这些都是产品发展公司，其除了提供工业设计服务之外，也为客户提供一些额外的服务。这些额外服务尽管在企业与企业之间并不完全一样，但大都包括机械电子工程、软件编程、产品和营销战略、快速打样成型等。本书的作者之一 Eduardo Alvarez 为了开发他自己的一个商业想法，还与 IDEO 公司合作过一年。他全程参与了获取种子基金、创办企业、投放产品这一过程，下面的 VIGIX 案例就是他的经历。

VIGIX 公司

为创造一种全新的顾客体验,VIGIX 公司想在便利店、超市、办公楼、机场等地提供一种小型自助服务机,从这个机器上可以销售电影和游戏,也可通过 DVD 或存储卡进行租用甚至直接下载,该产品是与知名设计公司 IDEO 共同开发的。

对于创业者和他兴办的企业而言,顾客喜好是他们产品开发中的重点关注对象。简单、精致是设计团队遵从的两个原则,这也是顾客利用这种机器租用电影时最为看重的要素,在这个基础上,设计团队继而再去考虑实现企业目标的技术问题和操作步骤。

便捷、可靠、易操作是这个产品的特性。它的占用面积小,可以将其放置在很多便捷而且时尚的地方。每个自助服务机提供当下最受追捧的 40 部电影。顾客通过其简单的用户操作界面可以观看电影片段以及每部电影的评分。

为保证产品的竞争性,设计团队极力推行简单化。在 VIGIX 设计的自助服务机上,在租用电影时机器会提供一个邮资已付的信封,用户只需将影片寄回即可。而其他竞争厂商都要求顾客租用影片后在机器上归还 DVD,不仅需要在机器设置复杂的机器手臂负责收拣分类,还要求极高的维护成本。VIGIX 的产品只有竞争对手产品一半的大小,便于移动,并且只需一人安装。由于内部没有移动机件,该产品的可靠性也大大提升。运用某种专利技术,这种自助服务机不需要专业人员即可进行控制盒的替换,控制盒将由企业集中替换。这种自助服务机的替换可由 UPS 这种运输企业承担。

VIGIX 还运用一项设计以增强顾客的喜好程度,那就是确保顾客最想看的影片能在自助服务机里找到。当顾客在自助服务机里输入某个电影名称时,后台程序将自动复制顾客输入的名称进行查找,以确定影片是否存在。

设计过程

在设计过程中，VIGIX 设计团队使用了头脑风暴、故事板、小组讨论、顾客观察、调研、样品市场测试等方法，并且深入分析顾客租用影片时的体验，从中提炼出最为重要的要素。设计者首先运用故事板（见图4-3）讲述便捷的租用影片方式会为顾客带来与众不同的体验。图4-3中展示的是一个有小孩的家庭周末开车旅游的情形。一开始两个小孩在车上非常不耐烦并且发生了争执，当父亲将车停在一个加油站时发现了VIGIX 的产品，随即他下车并在自助服务机上租用了车载DVD，之后车上的景象发生了转变，最后，父亲将DVD放在特定信封内通过邮寄的方式归还。

某些情境的可视化技术也帮助设计团队掌握了一些关键因素。比如当产品开发人员与美国最大的便利连锁店接触时获悉，如果要想在店里放置这种自助服务机，那么它们必须很小并且只能放在过道里，而不是背靠着墙放置。设计人员马上运用可视化技术修正了产品外观（如图4-4所示），因为放在过道里的自助服务机必须从前面和后面看起来都比较精致美观，以吸引消费者使用。

图 4-3　早期设计流程中预想客户体验的故事板

VIGIX 自助服务机始于一个想法，然而设计团队敏锐地发现，不仅仅顾客是最终用户，这种自助服务机放置的商店也起着非常重要的作用，因为自助服务机也会给它们带来一些服务上的便利，从而吸引更多的顾客。从

VIGIX 自助服务机的操作、安装、用户界面直至机器替换的整个过程,设计者都在追求产品的简易性,这种简易性十分必要,因为放置自助服务机的商家是直接接受顾客抱怨和反馈的,如果机器操作不简易,那么就很难被这些商家接受。

VIGIX 在自助服务机里内置了能够及时响应顾客需求的软件,创业者在形成设计时收集了市场情报并进行了顾客测试,这些都为其成功奠定了坚实的基础。实际上,整个设计团队在这个产品中融合了硬件、软件以及基于网络的服务,这些都与 iPod 有异曲同工之处。此外,设计团队还利用了可视化技术,例如故事板、替代场景、草图、测试模型等,通过这种技术

图 4-4 VIGIX 自助服务机

的使用,提高了沟通效率,完美地整合了各种设计理念。

此外,这个例子里还有一个方面值得我们关注,那就是在自助服务机替换技术以及操作上运用了专利技术,而这种技术并不仅局限于这个产品,还可以有更广的适用范围。总而言之,VIGIX 的案例涉及了设计过程的两个操作方面的要素——可视化技术和建模,这两点对于设计驱动的创新而言是非常重要的。在第 8 章中,我们会详细介绍这些要素。

合成和整合

设计者怎样才能很好地了解顾客的需求呢?我们的研究发现,与终端用户保持密切的联系是最通用的成功方法之一。我们访谈的每个设计公司的管理者都是信息的痴迷者,他们同大学合作,以更好地了解前沿领域,也积极参加各种会议和展会,甚至雇用一些自由职业者和顾问来获取相关信息。当然,即使采取以上措施,准确识别顾客的需求仍是一件难事。越具创新性的理念,也越有可能偏离顾客需求,因为在很大程度上未来的产品缺少足够的信息。用学术的语言表达,也就是所需的信息是隐形或者缄默的,很难将其清楚地表达出来。

产品设计实际上是显性知识和隐性知识的结合,正如 E. D. Gilchrest

所说，真正有价值的资产是"设计者脑中的知识"。[28]产品蕴含的是知识，但设计者脑中的知识比通过产品清晰传达或编码化处理传达的知识更有价值。这是因为，设计者通过产品设计不仅了解了最终的产品知识，还掌握了"为什么（why）"和"怎么样（how）"的知识。当下一个新的设计问题呈现时，设计者即使不能照搬上一个问题的解决方案，但他可以熟练地应用已经学到的方法和推理创造出一个新的解决方案。Roger Bohn 阐述了知识的八个阶段，即从最初的完全不知道（阶段一）到最后的完全了解（阶段八），这整个过程由八个依次递进的阶段组成。当最重要的知识蕴含在设计者的脑中时，只是这个过程的第二个阶段——基于专业知识的阶段。[29]

正如 Tom Allen 所表述的那样，科学家之间的沟通方式与工程师直接的沟通方式是存在显著差异的。[30]科学家之间的沟通较后者更加正式和易编码，主要是通过在期刊上发表文章的形式。而工程师生活在一个充满着隐性沟通及各种权衡的世界里，他们的沟通主要通过非正式的形式，如画图、建模以及样品等。对于工程师而言，毫无疑问，在一起工作显然会提高沟通的质量以及最终设计的结果。

道格拉斯 DC-3 运输机以及其样机的设计就囊括了 50 多名设计家，他们在一起工作了不到一年的时间就造就了这款"设计经典"。最先生产的 5 架 DC-3 飞机中，有一架飞行了 50 多年，现已不再进行商业使用，并被作为"伟大的设计"保存于美国国家航空航天博物馆。

产品设计知识的缄默性（隐形）就使得面对面这种沟通方式在知识融合过程中尤为重要。当个体工作在一起的时候，他们就可以形成一种默契，而这也会使得知识转移更加顺畅。正因为个体的交流是隐性知识传递的一部分，那么设计者之间的协同对于设计中隐性知识的传递也极为重要。[31]产品发展公司都认识到，知识传递是发生在协作过程之中的。Product Genesis 设计公司就说[32]，知识转移首先就是在顾客与其最初沟通的过程中产生的，设计协作中的沟通是知识转移的最基本的方式。

"我们很难传递技术所蕴含的复杂性。如果接收者知之甚少，哪怕是一个再简单的想法他也无能为力，因为他无法想象需要投入实施的诸多细节，从而无法展开有效的措施。但另一方面，如果接收者掌握足够的知识，并能够预计到投入实施的很多细节，那么他就可以见微知著。这就是为什么将技术传递给第三世界发展中国家困难重重的原因，也可以解释为什么即使再谨慎，也不能阻止日本学习到新的技术。"[33]简而言之，在某项产品领域中，双方拥有的相似的知识越多，那么在他们之间传递新的知识就越容易。Davenport 和 Prusk 也指出，影响知识转移的一个重要因素就是双方知识领域的交集，也就是"共同语言"。[34]

在一项出包企业与承包企业之间知识转移的案例研究中，Tunisini 和 Zanfei 发现，为了确保知识转移的顺畅，首先就要投入大量精力与时间用于发展形成双方的"共同语言"。[35] 在我们的调研中，Product Genesis 公司也认同这一观点。他们认为知识转移的关键就是使用的语言。当他们与客户一起开展新产品研发时，他们与所有参与者运用一项专门的产品开发术语。[36]

技术变革通过改变设计者的工作方式，也改变了他们设计作品的知识密集程度。比如一个与企业数据库相连接的电脑建模就比过去画图作业的方式蕴含着更多的可用知识，从而使得从模型中学习的能力大大提升。Product Insight 设计公司就发现它的设计师通过客户的电脑建模就可以了解很多客户产品的知识。[37] 大多数我们访谈的产品开发公司都描述了互联网以及高效的搜索引擎使得产品设计愈发地简单、快速、更有效率，并且拓展了他们设计知识的来源。[38]

有时候，对于一个高度复杂的设计，比如汽车等，即使是很生动的三维立体的模型都还不足以描述产品特征，真正需要的是实体模型。本文的一位作者以及他的 7 位学生全程参与了克莱斯勒 LH 汽车平台建设。通过这个平台，克莱斯勒成功制造了诸多系列的汽车。在当时，这个项目对克莱斯勒非常重要，以至于克莱斯勒公司专门为设计团队提供了宽敞而独立的办公楼，所有的设计和工程小组都围绕在大楼附近。在办公楼中央放置的是实体的设计样车，以供所有参加设计的小组来协调讨论。按 Carlile 的定义，这就是"边界对象"，即一个强化问题定义、促进其他成员或小组之间讨论与协调的实体表征。[39] Noehren 在此基础上进而发现项目的成功与这种"边界对象"的使用频率显著相关，并指出模型比画图更有助于设计团队的交流，[40] 这个我们将在第 8 章中详细介绍。

LH 的样车大多数部件都是标准化的，但也有一些独特的发明。每一名工程师都要在大楼中央为其进行设计工作，任何路过的或者感到好奇的同事都可以看到样机的变化，并可以从中发现这些变化与自己负责的部件有着怎样的联系。这种方式造就了 LH 汽车平台在克莱斯勒汽车设计历程中的重要位置。

在设计工作中，这种边界对象对于知识传递的有效性是值得考虑的。

设计指标和信息越是需要清楚而明确,设计过程越要动态。电脑建模和三维可视化技术也提升了设计者的沟通能力。当以往人工使用草图和图画形式时,知识依然是存在于设计者的脑中,这是一种非公开的传递部分产品知识的方法。总而言之,共同语言、协同以及建立信任、边界对象的使用以及设计过程中沟通技术的发展都对知识转移起着重大影响。[41]

另外,在调研中访谈企业提到的一个变化就是通过电脑建模快速产生产品雏形的能力。设计公司都意识到,产品雏形对于传递知识而言非常重要,这也是一种比较好的"边界对象"。当产品雏形与一些先进的工程模型的软件结合时,我们还可以知晓产品构架、性能、功能等方面的其他知识。

时至今日,技术产品的复杂性要求将各种学科的知识整合成一个最终的解决方案。产品发展团队实际上是提供一个融合协调"不同人对于同一个问题产生的不同想法"的途径,这也是知识的主要来源。[42]设计知识不仅仅是在设计者的脑中,也存在于那些整合者的脑中。对于某个特定设计问题,将不同类型和来源的知识进行整合的难易度是与产品的知识密集度高度相关的,进而,随着知识密集度的提升,对于整合、协作的要求也会相应提升,这样就形成了一个螺旋向上的动态演化方式,协作就是知识输入方与客户企业(知识需求方)之间知识转移的催化剂。

诸如飞机这样一种庞大的复杂系统的整合借助于设计及工程的软硬件现已十分普及。不仅如此,设计模型的制造也十分便捷。正如 von Hippel 所说:"今天,用户企业甚至是个体的"发烧友"都可以运用精密的编程工具进行软件开发,运用 CAD 设计工具进行硬件、电子设备的制造。[43]这些信息工具都可以在个人电脑上运行,而且价格在可预见的将来会显著下降。正因如此,通过用户进行创新的情形将很快地增长。"[44]

对于不同要求和不同技术的整合在很大程度上决定了产品的成功和失败。Iansiti 在他对电脑行业技术整合的研究中指出,在设计过程中是整合的选择,而不是技术的选择,决定了产品成功与否。[45]在其中的一个案例中,他将两个主机处理器的系统性能及每个处理器采用的基本部件技术进行了比较。其中一个处理器,在总共 12 项基本部件技术中,有 10 项技术都比另一个处理器要差,剩余的两个基本部件技术也只是与另一个相当,但其性能反而比另一个好,这就是整合的力量。[46]Iansiti 还指出,技术整合使得组织"将整个生产系统进行整体考量,并在特定的应用要求下权衡某个技术的使用"[47]。

整合影响着合作和知识转移

设想我们要设计一款航空器上包裹雷达的整流罩。Peter Grant 认为这是一个说明整合影响合作和知识转移的非常好的例子。[48] 设计这样一款产品需要整合关于材料和工艺、结构分析、重量分析、空气动力、电磁学、制造工艺(包括成本)、接口和配件组合、维修程序以及可能的危险情景假设(空中飞鸟或闪电袭击等)等知识。这其中每个单个领域的知识都是编码化了的,但是选用和整合哪些知识,就是只存在于设计者脑中高度缄默的知识了。这种看似简单的装置由于设计过程中的整合变得相当复杂,以至于也只有到完成了并安装在飞行器上之后,才能得出结论。

这个整流罩的例子同样也说明了模块化对知识转移的影响。如果企业愿意的话,这个设计可以外包,只是需要定义外部和内部的规格标准、界面标准、重量和成本要求以及电磁方面的要求。供应商很少了解其他零部件的知识,但是最终的厂商需要大量的信息和整合知识来设定这些要求。

Powell 和 Grodal 通过对创新网络的文献综述得到,当知识是隐性的时候,转移难度大、确定性低;当知识是显性的时候,转移难度小、确定性大。继而,他们推论,存在一个知识编码的中间区域,在这个区域上创新的产出会大于知识转移的成本。[49] 我们的调研也表明,这个中间区域就是设计公司最活跃也是最有效的区域。

设计公司已不再是只提供最后润色的工作,在一些例子中,他们全程负责创新设计。而大多数设计公司都处于这两者之间,我们将在下一章中具体介绍我们在瑞典的研究成果。

麻省理工学院的老年实验室

设计者正在将产品开发的边界推向一个新的境界,那就是"开创新理念并创造性地将技术转化成改善人类健康和终生激励人们潜能的应用方案"。成立于 1999 年的麻省理工学院老年实验室是这一方面的典范。这个实验室与美国、德国、意大利、日本的汽车厂商在智能交通系统展开合作,以此去延长老年人安全驾驶的驾驶年限。这项研究包括了对年龄大于50 岁的人的认知工作量的研究,还包括对新技术的调整,让这些技术适应那些年龄大于 50 岁的高龄驾驶者。

在健康和"自立健康"领域,设计者们开发出了一种电子药丸宠物,这种宠物可以通过玩闹和情感表达来提醒老年人按时吃药。另外一种"个人智能提醒"装置还可告知使用者如何采购食品和健康产品。这种装置可以放在超市的推车上,依据消费者个人的饮食信息,为消费者在采购时提供建议。

而这些仅仅是这个老年实验室的少数项目,在这个实验室,"设计驱动的创新被视作为实现未来健康向上生活方式的机会"。

尾注

1. E. von Hippel,2005.

2. A. Lehnerd,1987.

3. M. De Rond,2003.

4. J. M. Utterback,1994,Chapter 9.

5. A. Philips,1971. Cited in Utterback,1994,Chapter4.

6. R. E. Miller and D. Sawers,1970.

7. M. Iansiti,1997.

8. Russell Ackoff 在 James M. Utterback 班上的演讲,MIT,Cambridge,Massachusetts,25 April 1989.根据 R. Ackoff,1981.

9. 进一步的细节见 Lehnerd,1987;M. H. Meyer,A. P. Lehnerd,1997.

10. 最新的包括心脏监控设备的例子,见 M. H. Meyer,P. Tertzakian,and J. M. Utterback,1997.

11. K. T. Ulrich and S. D. Eppinger,2004.

12. K. Pavitt,2005.

13. Pavitt，2005.

14. Pavitt，2005.

15. B. J. Pine II，1993.

16. von Hippel，2005.

17. S. K. Shah，2005.

18. LEGO Mindstorms Robotics Invention System 2.0 Software.

19. L. Huston and N. Sakkab，2006.

20. A. B. Hargadon and R. I. Sutton，1997.

21. Massachusetts Technology Collaborative，*Index of the Massachusetts Innovation Economy*，2005.

22. A. Rickne，2000.

23. Hargadon and Sutton，1997.

24. Hargadon and Sutton，1997.

25. Hargadon and Sutton，2000.

26. A. B. Hargadon，1998.

27. Transcripts and summaries of the interviews can be found in E. Alvarez，2000.

28. E. Gilchrest，Interview at 9th Wave. Southbury，MA；4 March 2000.

29. R. E. Bohn，1994.

30. T. J. Allen，1977.

31. T. H. Davenport and L. Prusak，1998.

32. B. Vogel，2000.

33. R. Gomory，1983. Cited in D. Leonard，1998.

34. Davenport and Prusak，1998，p.98.

35. A. Tunisini and A. Zanfei，1998.

36. B. Vogel，2000.

37. J. Rossman，Interview with Product Insight. Acton，MA；8 March 2000.

38. 根据 Gianfranco Zaccai 所说，像 Continuum 这种领先企业，多年来已经将基于情境中人的行为和感知的定性分析应用于设计研究中。这意味着用户/客户实际上成为集群的一部分。这是至关重要的第一步，它赋予了头脑风暴、想象和讲故事意义。在本质上，设计师/研究者成为了用户/客户/利益相关者交流他们表达意愿的媒介。最终，探究不同产品类别下人类行为的不同方面，"用户"也会告知设计社群的隐性知识。

39. P. R. Carlile，2002.

40. W. L. Noehren，1999.

41. Carlile，2002.

42. Davenport and Prusak，1998，pp. 49—50.

43. von Hippel，2005.

44. von Hippel，2005.

45. Iansiti，1998.

46. Iansiti，1998，pp. 79—81.

47. Iansiti，1998，p. 119.

48. P. L. Grant，2000.

49. W. W. Powell and S. Grodal，2005，p. 76.

第 5 章

设 计 者 的 工 作

作为服务提供商的设计公司和其客户企业之间的关系结构一直处在不断变化之中。瑞典为我们提供了探究这种现象的机会，从中还可以概括出设计者从事工作的具体类型。利用我们在瑞典的研究中得出的成果，本书在后文部分概括出一些具有普适性的观点。

从很多方面来讲，瑞典是全球经济的一个缩影。与世界上的经济强国如美国、德国、日本相比，瑞典的经济规模虽然小，但其却拥有这些经济强国几乎所有的产业类型。在一些测度上，它的经济是最依赖于国际贸易的，而且按人均计算，瑞典也是拥有世界 1000 强的企业最多的国家。瑞典拥有其他北欧国家所没有的全球性的汽车业、通信业、制药业、纺织以及其他产业。从这方面来讲，这个国家是一个理想的研究对象，可以探索设计公司如何工作以及它们如何与其他产业的客户进行互动。进一步来说，瑞典越来越成为其他国家变革的引领者。

同其他国家类似，瑞典的工业设计也以五个不同的形式展开设计活动。一些大型企业会成立它们自己专门的设计部门；独立的设计者也会独自地或通过开展一些特殊的业务合作来提供相应的设计服务；而大型设计咨询公司（最大可拥有 40 名左右的员工）也为企业提供设计服务；甚至工程设计咨询公司也提供工业设计的服务，因为它们发现只有这样才能更全面地服务于其客户；最后，一些工程师和其他人员也为其雇主提供设计方面的服务，尽管他们大多只关注于产品功能。

尽管瑞典的服务设计行业与整个国家一样处于动态变化之中，但同其他国家一样，瑞典也越来越将服务设计视作国家发展的重要力量。瑞典的工业设计公司必须销售一种理念，即设计服务是重要而有益的商业活动。大型设计公司愈来愈多地采用多用途、高标准的设计工具，而这正是得益于计算机和软件的迅速发展。

瑞典的工业设计有几个鲜明的特征。第一个特征从最终用户的视角出发。工业设计采用整体思考的方法，设计师也正在越来越多地为客户选择商品的原材料和生产商品的方法，甚至帮助客户建立供应商网络以及决定人体工程学的图形设计等整体服务。第二个特征就是在瑞典越来越常用的可视化技术，在本章的后半部分将会对此做详细介绍。可视化技术使得沟通更为便捷，想法更为明晰。同时，在初始的草图描述阶段，可视化技术可以让设计师更为关注设计、产品、系统甚至服务等理念的关键要素。

就连拥有自己设计部门的大公司，它们有时也会聘用独立的第三方设计咨询公司，这么做要么就是为了增加内部资源，要么就是为了刺激公司内部的竞争以激发创造力。在某些情况下，大型制造企业会同时雇用两个设计公司从事设计服务，并相信它们可以产生"创造力的碰撞"从而取得更好的设计。

在瑞典，设计公司通常分布在三个"集群"工作（见图 5-1）。第一个集群位于瑞典的西海岸，包括哥德堡，主要从事的是交通运输行业，比如 SAAB、VOLVO 汽车以及 VOLVO 卡车和飞机引擎制造事业部。哥德堡附近有 6 家瑞典设计公司，其中的四家在哥德堡周围并形成了一个子系统。这个系统不仅仅针对解决交通运输行业的问题，还涉及其他产业。这些设计公司向其客户提供从最后阶段的产品"润色"到内部设计，从承担部分设计活动到设计产品的原型等服务。而通用汽车收购萨博、福特汽车收购沃尔沃就意味着新一轮的设计工作将从国外涌入瑞典。交通运输设备的开发特别强调安全性、产品生命周期、技术专利以及法律法规等很多因素。

瑞典国家设计博物馆 Rohsska 和国内领先的设计教育中心哥德堡大学设计与工艺学院都坐落于哥德堡。最近，工业和贸易协会的代表也一起致力于建立同大学之间（包括著名的查尔姆斯理工学院）的合作关系以创造一个独特的专注于交通行业的研究教育资源。

第二个重要的类别是设计输出的集群。工作人员大多是位于斯德哥尔摩的瑞典最古老的工业设计大学瑞典工艺美术与设计大学的校友。瑞典的很多设计咨询公司是由这些毕业生创立的。在斯德哥尔摩地区各个行业需求的驱动下，这些公司成为该集群发展的重要推动力量。

第三个集群中的公司类型则更为宽泛，并非专指设计公司。到目前为止，瑞典的四大工程公司都已经采纳了将设计整合到自身的服务组合中去

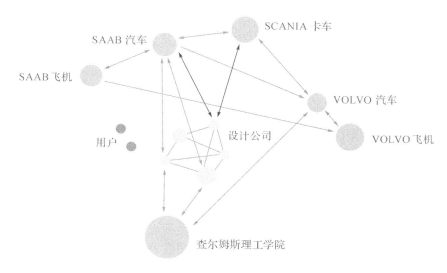

图 5-1　一个瑞典设计公司集群的例子

的观点，并且已经开始在公司内部建立强大的设计团队，在第 1 章中已经对此进行过讨论。在工程公司内部，设计师们都比较容易获得人力和机械资源的支持，而这是设计师们依靠个人能力所无法获取的。

设计公司的运营过程

　　瑞典的工业设计公司要么是（或者自己定位是）"专才企业"（specialist）要么就是"通才企业"（generalist）。一些通才设计企业不会专注于某个产业或某个设计活动，它们认为只专注部分是很危险的（它们相信"善用锤子的人往往认为所有东西都是钉子"或它们担心"只见树木不见森林"）。而专才设计企业通常强调获得更多丰富经验的重要性，并且在它们擅长的领域之外寻求其他专项工作。其中一些设计公司通常会雇用工程师或者有能力承担工程任务的其他员工，而非仅仅是工业设计人员。此外，大多数公司都倾向于追求员工多元化（教育背景和文化背景多元化）。还有一些公司通过定期但每期都区别很大的合作协议来提高他们的能力。这些设计分公司还会通过子公司或者兼并客户企业来实现其国际化。

　　许多瑞典公司通过从高校和科研机构中获取新的知识来帮助它们更好地为客户进行产品开发的服务，如设计无弦吉他时采取的新型光学技术。另一个推动创新的例子就是被称之为"人工舌头"的新概念设计。这项技术可以帮助厨师通过网络来收集烹饪食谱的信息，从而能够依据国家、文化等背景调整菜肴的配料，以更为本土化的方式满足顾客的需求。还有这样一个例子：一个设计公司利用其自身的利润创建了研究基金，从而支持公司进行更为基础的探索，以满足并超越现有客户的需求。

设计公司从它们的个人客户中可以学到很多有益的东西，建立良好的合作关系，然后利用这些关系所带来的知识和能力来为其他的客户服务。设计师通常也会将来自不同行业的客户汇集在一起，提供更好的服务。

设计公司和客户之间越来越致力于建立长久的关系。通常，项目都是从小做起，随着客户逐渐意识到让设计公司从事比最初设想更进一步的工作会更有意义，那么双方的合作就会扩大到更大的范围。由于大公司有着很多不同的需求，它们通常会和很多设计公司进行合作。

现在，设计公司越来越像是客户公司的产品开发部门。几乎所有的瑞典设计公司都至少为一到两个客户服务，以发挥更大的整合协调作用。对于某些客户来说，这也反映了它们在限制设计供应商的同时想外包更多可能的设计活动。然而，设计师自身也可以主动、自愿地去承担一些额外的职能。这种情况通常发生在设计师想出的建议已经超出客户能力和参考目标范围的情况下，比如建议新材料或新生产方法。

瑞典的设计师们的工作同其他国家的设计师差不多。虽然设计师在业内所获得的评价和奖项等可以为他们吸引到客户，而且许多设计师会将那些他们之前服务过的公司发展成为长期的客户，但是设计公司之间争夺设计合同的竞争越来越激烈。在这些竞争中，创意是最主要的竞争内容。好的创意会帮助设计公司赢得合同，因而会得到中标设计公司的奖励。客户自身则很少在设计最早的阶段参与创意的产生，但也有些设计师在产生创意的过程中会让顾客参与。设计师将可视化看作其最擅长的设计技术，通过提高这项技术使用的效率，为客户的发展做出最大的贡献。这一阶段所产生的标准产品就是实体模型以及接下来产生的产品原型。如果一个设计公司自身不具备快速制造产品原型的生产机器，那么它会与能够提供这种生产能力的其他企业构建联系，而设计师可以进行远程操控。基于产品的类型，客户有时会要求按照详细的图纸和产品生产规范进行产品生产，此时，设计师则为这种产品原型去设计生产这种产品的工具。

瑞典的设计公司通常会使用多个不同的项目开发技术和产品概念设计工具。影响成功的因素主要有以下几点：第一，要能够提供更多样化的选择和替代品;第二,避免过早地被一个设计方案所锁定。公司必须避开或最小化"先入为主"的解决方案。为了实现设计驱动的创新,设计公司在设计时必须超越产品目标本身,以涵盖展示、宣传、功能等更广的方面,从而最终愉悦终端用户。

当然,并没有一种确定的工作方法。大多数的设计师都认为和电脑相比,用笔和纸进行的草图素描更快,也有更有利于创造性想法的产生(接受采访的一个设计师解释道,"电脑没有触觉")。而也有少数设计者认为电脑才是一个更加多用途的工具,它可以使设计师们能够更为容易地开发出最终产品,使他们的草图素描更为快速自如。另外,在是否需要为客户提供多个选择和建议的问题上,设计师们也没有统一的观点。有些设计师认为不需要提供给用户多个选择。正如一个设计师所称:"我们知道什么设计是最好的,客户雇我们进行设计就是为了提供最好的选择,因而一个选择就可以了。"有些人则认为这要取决于项目的类型。这同样也是一个发展阶段的问题:几个草图或许可以帮助客户更好地定义实际问题、困难和需要。

瑞典的设计公司都声称要追求工作流程的线性和标准化。一些公司会使用特定的工具和流程标准。(事实上,整个过程并不总是线性的,但客户希望能够看到清楚的逻辑。)人体工程学设计的专家经常开发一些技术工具和测量仪器,以期用更为创新的方式保证最终的设计成果。一些公司在工作时会使用自己的设计语言,这一语言本身也是经过了不断的精炼和改进的。另外一些设计公司会建立一个知识库来储备近一个世纪以来材料应用方面的最新进展以及它们以往的设计项目。还有一些公司则会在不同的设计阶段独自或与客户代表一起采用头脑风暴法来解决问题。

瑞典设计师通常会使用他们在学校中所学习到的头脑风暴法和价值分析技术。他们也不同程度地运用类比和比喻的方法。吹毛求疵则是个体的一种工作方式和风格,而不是可以套用的技术。寻找产品的核心功能(例如"不是钻孔而是一个洞,不是一个洞而是……")是设计公司采取的一大方法。

瑞典公司的设计团队通常都是暂时性的,成员也大多具有不同的文化背景。大公司会通过自己的内部资源来实现多样化,而小公司则更有可能与外部的个人和组织建立关系网络以组成一个理想的项目组。它们可以通过焦点小组会议、视频会议、调查问卷等更多的方式来让外部人员参与其中。从一定程度上来说，所有的瑞典设计公司都会进行市场研究（大多是雇用专业的市场研究公司）。这些研究几乎都会提供对设计有益的东西。正是这些研究数据而不是直觉，能够使设计师们说服他们的客户放弃某些产品的开发。

因为工业设计师热衷于并且被灌输了"代表最终用户的利益"这一思想，大多数公司开始使用焦点小组的方式。焦点小组的有效性取决于项目本身。诸如视频拍摄、面试、利用一些实用的工具来测量终端用户的行为、仿真、用电子或其他测量工具进行测试等方法，都有可能综合起来在某个时间或某个项目内同时使用。由于行为科学家、科学家、艺术家、儿童等一些特殊的终端用户群体对流行事物比较有见解，设计师通常会召集他们组成焦点小组。

瑞典的许多设计师都非常重视设计草图的绘制。一位成功的设计师这么说过："即使正如预期的那样，草图的绘制可能失败，它们也还是能够提供更新的思路以激发创造力。"还有一些设计师则能够非常迅速地通过草图的绘制将一个想法转化成为有形的物体。草图与文字、语言相比，它是一个更好的沟通工具，能够消除客户和设计师之间的许多理解不一致的地方。虽然一些公司将电脑视为草图绘制板的替代者，但所有的设计师都认为可视化能力是他们这个职业的核心竞争力，也是设计服务中重要的部分。我们在对瑞典设计公司的客户企业进行访谈时，他们提到，独立的发明家特别地指出设计师的可视化能力给他们留下了深刻的印象，他们对设计师能够将发明家第一次表达的粗糙的创意可视化出来的能力感到惊叹。（具体的草图绘制细节会在第8章中介绍）

瑞典设计公司使用的信息技术工具包括计算机辅助设计工具以及很多专业的 CAD 软件，但也不仅仅是 CAD 软件。对工具的选择主要是根据客户和项目的需要。例如，对于汽车行业的项目来说，与计算机辅助制造相连的一些特定的工具和 CAD 软件使得新的形状和造型设计都成为可能。有时还要通过使用一些基于客户要求的软件平台进行设计的开发。

快速成型技术是 CAD 技术的延续，它使 CAD 程序能够控制加工过程以实现精确的造型。因为成型过程是一次性的，使用同一种材料，因此大多形成的是一个实物模型，不是一个可以正常运转的原型。但是，由于成几何级的错综复杂的细节组合可能性不断被检验和试验，最终可能会形成一个超越实物模型的原型。互联网和远距离机器操控使得小型设计公司可以像大型公司一样获取这种资源。

　　每一个瑞典设计公司中最重要的部分就是它的多功能工作间和综合加工工具。需要强调的是，不管快速成型技术有多大的诱惑，在早期阶段许多设计者都会选择工作间中各种各样的手工工具和综合加工工具。他们会做一些简单的木制或塑料的实物模型。如果在经济上和技术上可行的话，一个真正的原型总是最好的，但通常来说起码要有塑料、木制或金属片材质的复制品。如果这个复制品具备产品基础功能的话，它就可以称为一个原型（prototype）。如果它只是复制了产品的外观，那么它就是一个实物模型（mock-up）。

　　草图绘制的速度和费用的抉择都非常重要。一些复杂的、极其昂贵的系统也许永远不会被制作为产品原型，只能被认为是最终产品。

　　一方面，设计者总是努力站在最终用户使用功能的角度来思考，进而会产生一个整体的概念；另一方面，工程师通常会更倾向于让企业以产品族的形式或在不同的平台上组织产品设计，这是基于合理性、工具共享、机器运转、促进产品开发、材料处理和储存等原因，当然最重要的目的是降低成本。而设计师的角度会聚焦于美感，通过给不同产品创造一个统一的形象来强化这些产品的共同部分，如品牌、质量等。我们越来越多地看到产品工程师开始采用设计师的上述角度，相信工程师和设计师的分歧将会逐渐消失。

设计创新的途径

　　我们与瑞典设计公司之间的访谈表明，当前有大量途径来实现创新（如图 5-2 所示），而且都包含设计师的参与。客户和项目之间也有很大的差别。工作地点不在瑞典的大型跨国公司，如 IDEO，其设计活动就与本土的公司，如 Go Solid，十分不同，后者的三个设计师主要关注对发明者的协助工作。

　　就像在其他地方[1]一样，尽管客户仍然重视设计者给他们的产品带来最后的"点睛之笔"，瑞典的公司已经摒弃了"设计只是在产品开发阶段结束后对产品的简单润色"这一传统的观念。与之相反，瑞典的设计公司正在扮演着更广泛的角色。

　　从项目数量来说，对产品的最后修饰仍然是瑞典设计工业的基础。

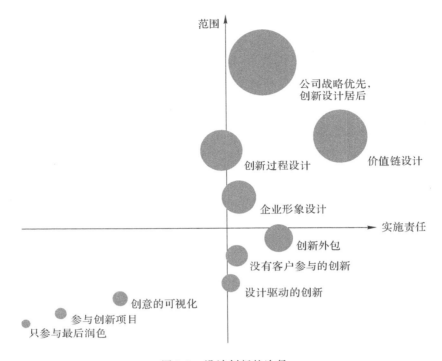

图 5-2 设计创新的途径

这些项目通常涉及一些基于技术推动的产品开发。这种产品设计中最为重要的是工程设计或技术特征。"画龙点睛"的创意可能要求对消费品更强的洞察。一位设计师解释道,对于日本市场来说,电子系统应该还是小而紧凑的;对于其他市场来说,顾客想要的是一个适合当地文化和需求的外观设计。所以我们不是要深入了解技术,而是要使得产品更易于服务客户。

我们发现,所有的瑞典设计公司都正在试图尽可能早地与客户参与创新项目的互动。并且,越来越多的工业设计公司更愿意作为与客户平等的伙伴来设计产品。设计师们认为在他们与客户端的互动中,他们更为广阔的视角能够带来真正的成效,甚至有可能使得顾客完全改变生产流程或产品的原材料的类型。工业设计师不仅可以成为不同客户之间的桥梁,也可以成为同一客户公司不同组织部门之间的桥梁。这些设计师们通常是公正的,而且是从企业的层面来进行思考,因而更容易理解市场、制造、研发等不同职能的声音,他们关注的是如何为整个公司系统找到一个包罗万象的方法。

　　第三个重要的途径就是设计师通过"创意的可视化"将发明家的创意精炼成产品。通常,设计师们能够对最初的创意添加重要的修改,使之变得更好。在很大程度上,正是可视化技术使得改进成为可能。一位设计师这么说:"当第一次在 3D 渲染的电脑屏幕上出现一个抽象概念的原型时,发明人会既快乐又敬畏的。"

　　许多发明家缺乏足够的关于制造或材料方面的知识,而工业工程师则要么具备这样的知识,要么就是知道如何去获取这些知识。一些发明家已经开始在设计咨询公司可视化产品的基础上生产产品、开拓市场、销售产品。因为可视化技术使得创意看起来更为接近最终产品,一些发明家已经利用这种技术将自己的创意销售给设计公司或投资方。

　　我们发现有一个非常小型的瑞典工业设计公司正专门致力于与发明家进行合作。公司已经开发了一个面向个人发明家的不太昂贵的"服务包",发明家们都对此表示满意,他们都将这个企业的设计师当作长期团队的成员,以共同实现其发明。

　　在很多情况下,设计师们首先是从梦想和远景出发的。出于自发或者受顾客激励,设计师会提出这样一个具有挑战性的问题:"如果……是不是会更好?"通过保持对研究前沿或新技术的密切关注,瑞典的设计公司正在占据利用新的技术突破来实现"梦想成真"的有利地位。上述途径就是"设计驱动型的创新"。这种创新往往超越了最初设计。

　　这一阶段的重要想法大多来自设计者们对最终用户敏锐而准确的观察,通常需要避免焦点小组或用户在访谈中使"用户受制于已有观点"这一潜在问题。一位设计师这样说:"我们试图揭开最终用户的隐性知识和无声语言背后的含义。"

　　除了产品设计之外,有些公司也开展一些综合性的企业形象设计服务,包括品牌、出版物、会展设计、网站设计等。在这里,更广阔的视角通常会为创新带来益处。并不是所有的工业设计公司都提供这样的服务,但他们可以通过网络供应商和第三方合作伙伴进行合作来提供相关的服务。这种类型的服务也是通向"战略设计"(下面有该创新途径的详细论述)的重要一步。

　　当设计公司参与到"价值链设计"时,它们要主导某项创新产品的原材料评估和选择,并寻找原材料、机械设备的供应商和能够提供某一环节或全部环节生产制造服务的分包商。这种设计也可由独立发明家承担,而设计师能够在发明家的想法上进行更进一步的提炼和阐释。

　　创新过程设计不仅要求设计公司超越设计职能考虑过程,也要求它们能够提供像管理咨询一样的服务。通常来说,某个设计咨询公司不具备提供管理或组织设计服务的能力,但在创新过程设计这种类型的项目中,大型设计企业可以在提高客户企业产品创新性和组织创新性方面发挥更为重要的作用。在这些情况下,设计公司一般扮演着不同行业客户企业之间的"转移剂"。我们在瑞典只找到关于这种工作类型有限的几个例子,但在其他国家中这种例子有很多。为客户撰写设计手册可以在某种意义上看作这种工作类型的一个例子。

　　一些设计公司会为客户公司的创新发展承担着全部的职责。我们发现,这种"创新承包"方式主要发生在亚洲。那些以生产为导向的企业利用这种方式要么正在寻求进入西方市场的机会,要么基于低的劳动力和资本成本推动某个利基市场的开发。西方企业在面临这些来源的竞争时,可能会选择卓越的人体工程学技术,并且聘用外部的设计专家来负责开发整个生产线。拥有设计部门的工程咨询公司具备更为专业的能力来临时承担产品开发部门的角色。

　　当设计公司想要知道它们所拥有的某些特定知识是否能够转化为一种受客户欢迎的产品时,它们可能会采用"没有客户参与的创新"。比如,位于汽车集群中的一个擅长设计汽车座椅的公司,它可能会选择利用自己的知识来开发更为有创意的汽车座椅,从而超越客户的需求。我们发现这样一个特别的案例:有一个瑞典设计公司开发了一个创意并将其卖给了一个家具生产商,结果该产品取得了巨大的成功,以至于该设计公司继而得到了整个椅子系列的设计订单。在另外一个公司,一个设计师通过挑战自己开发出的一个新的椅子设计方案,这种椅子采用对称连接,可以将其折叠起来当成步行的拐杖使用。这一产品如今已经分布在全球 200 多个博物馆来让参观者在参观时使用。还有一个公司,它们发明了一种台灯,这种台灯解决了制造商在制造过程中面临的一些问题,为此,工业设计师设计了一个巧妙的解决方案。其他设计公司倾向选择"挫折分析"的方法,在没有顾客参与的情况下将该方法作为其发现市场迫切需求的分析路径,进而进行创新。

挫折分析

为了寻找未被发掘的需求进而为其进行创新解决方案的设计，设计公司可能会挑选一组人，要求其写一天或两天的日记，记录他们日常生活中每一个尴尬的细节。不同的设计师会对这些细节体现的挫折进行不同程度的深入挖掘，并进行一般化的概括，这些概括可能成为创新设计的来源，也往往需要创新性的飞跃和语言的批量转化（这一概念会在第 6 章深入讨论）。

我们可以通过一个瑞典设计公司的例子了解挫折分析的工作方法。这个设计公司接到一个几乎不可能完成的任务：相对于上下班高峰期的人流量而言，一个新落成的摩天大楼中的电梯数量实在太少，排队的人们越来越感到受挫。设计师们有什么办法解决这个难题吗？设计师们最终想出一个解决方案：在每一个电梯间的大厅里安装了镜子。人们发现有些不同的事物转移了其注意力，于是，受挫感消除了。语言已经被改变。

我们发现有两家瑞典设计公司，其工作内容或多或少都包括"客户企业的战略制定，然后才是创新设计"。在这个过程中，设计公司首先承担的是企业管理咨询的职能，它们关注公司文化，并帮助企业建立基于历史、地理等因素的"客户识别"。一旦建立后，这种识别就必须体现在产品中。设计公司进而将工作的重点转移到设计上来，不仅包括公司产品本身的设计还包括包装、环境要素等的设计。设计师也可以致力于产品分销的设计，即发现某一项目最合适的经销渠道。参与到这一创新途径中的设计师要进行产品定位、业务方式设计以及进行资源研究等。

一个瑞典公司扩展设计服务概念的案例

尽管伊特伯 & 富恩特斯（Y&F）几乎没有专业的工业设计师，但是它提供的是工业设计服务。这是因为该企业的服务范围是"企业形象开发"。对于 Y&F 公司而言，设计只是这种形象表达的一个组成部分。因此，Y&F 公司定位于长期战略，顾问也都是战略专家，而设计则是为体现战略服务。

在工作方面，Y&F 公司针对一个给定的项目，将具有最合适专长的战略家组合到一起。有时，团队甚至把瑞典最大的工业设计咨询公司 Ergonomidesign

也囊括进来。在项目中,首要目标是创新。为了实现创新战略,Y&F 公司运用"战略过滤器"从四个方面来了解客户:第一,创立,即客户的物理基础、历史、地理因素等;第二,使命,即客户的核心业务;第三,产品,或者更一般地说,客户提供什么业务;第四,企业文化和企业形象。

Y&F 公司曾接了一个芬兰厨房用具公司哈克曼公司 Hackman 的项目。哈克曼公司在很大程度上依赖于国内市场(占有90%的芬兰厨具销售市场)。哈克曼公司的最初战略决策是国际化,但是在其全球竞争对手面前相形见绌。下一步,就是要通过一个"公式1"来树立独特的哈克曼公司形象。

工业设计阶段之前,Y&F 公司很早就做了深入细致的研究。咨询公司联系了美国航空航天局及其分支机构里研究先进材料的专家,以及塑料材料的研究人员等。设计纲要是非常具体和聚焦的:采用一种具有惊人特点的独特新材料,这种材料之前是无法获取的,因而人们对之闻所未闻。Y&F 公司请来不同国家的工业设计师对新型厨具生产线进行分块设计,这条生产线已经获得了 50 多个国际设计奖项。

图 5-3 展示了之前讨论过的瑞典设计体系和上述不同的创新途径的关系。

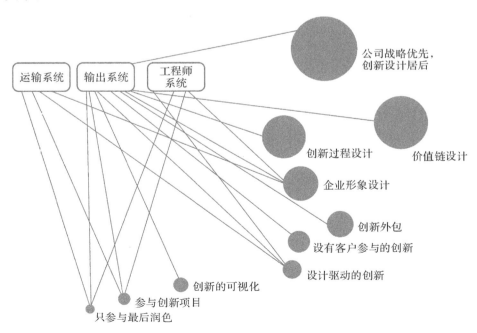

图 5-3　瑞典设计体系和不同创新途径的关系

用全面的系统观进行设计

三个瑞典建筑公司被邀请为一个废旧集装箱站投标。两个公司交付了标准的相似的设计：或是一个建筑，或是高高的围墙。第三个公司有一个工业设计团队——White Design 公司，该任务分配给了设计师。

工业设计师们敬业地进行了功能分析，并对整个废物管理系统采取了一个综合视角，包括：基本目标是什么？有哪些不同的维度、方面和要求？垃圾箱如何运转？环境要求和条件是什么？怎么预防老鼠和鸟等隐患？三年或八年之后系统会是什么样子？早期的研究过程甚至包括设计师们跟随卡车司机们装载垃圾以及在现有垃圾处理站上卸载垃圾。

White Design 设计公司建议，将放置在混凝土结构中的可移动容器模块化，这一点客户也表示赞同。小卡车可以很轻松地进行处理进而取代大卡车。这么做的目的是不产生废弃物（除了在结构内部）并且没有发生事故的风险。

总之，工业设计师们全面系统地解决了客户的问题。事实上，他们将终端用户的概念从废物管理客户扩大到其以外的那些住在附近、每天看到它的人。虽然设计目标是一个垃圾处理站，但 White Design 设计公司的这种做法不仅使顾客很满意，同时也使得那些住在垃圾场附近的居民很高兴。毕竟，没人能否认，最好的垃圾处理解决方案肯定是那个能够使垃圾处理最不易被观察到的方案。

一些经验总结

瑞典的工业设计师们提供了"整体"的视角，以终端用户的视角考虑问题，并且采用可视化的设计技术，这三个因素都有利于创新。另外，工业设计师也会从不同项目、不同客户、不同行业之间的技术开发和知识传播中得到益处，也让他们的客户共享这一益处。

瑞典设计公司的经验为其他公司获取创新方面的竞争优势提供了一些参考，那就是将工业设计视作为创新过程的一个重要组成部分。其中一些经验是瑞典的喜欢与客户建立良好关系的工业设计师和客户一起工作而获得的，而另外一些经验则是创意产生过程中的技术转移和方法。公司能够从设计师的专业能力中得到益处,包括头脑风暴法、功能分析、很强的胜任能力和经验等。同样的,他们也必须重视可视化技术,以此来获得更多的益处。

瑞典的经验表明,参与到更多设计公司的工作中可以产生"创造性的碰撞",从而产生更多的潜在竞争优势,即能够接触到一个知识、解决方案以及实际项目经验的网络的能力,能够为设计工作带来更多的益处,当然这些益处取决于特定的项目特征。设计师们说,更大范围的网络所带来的好处能够帮助他们在既定的项目时间内为客户展示项目的大概方向,进而为项目长期的发展带来更多的选择和灵活性,最终产生更多的价值。从这方面来讲,最好不要对设计师们的工作进行刻板的界定。当设计师能够被允许尽早地参与到产品创新的整个流程,并且能够及时对产品进行实际的改动时,他们的价值就会得到最大的体现。因此,当赋予设计师充分权力和范围来进行工作时,客户企业才能够从设计师参与的机制中获得最大的优势。

为什么当今的工业设计比两百年前发挥着更大的推动创新的作用?全球化是其中的一个原因,随之而来的还有更加激烈的竞争和适应各地文化的需要。另外一个原因就是设计师们在与时间竞争,创新可视化的能力在这里起着重要的作用。扩大创新搜寻的范围一直是创新的重要途径,在这方面工业设计是重要源泉。从一个全新的未知的角度来研究一些基础问题并去解决这些问题是另外一种创新途径,在这方面,对产品形式和造型保持一种"求知若渴、虚怀若愚"的态度也会带来一些惊喜。

瑞典利乐公司(Tetra Pak)

Ruben Rausing 有一个愿景:"与花费的成本相比,包装应该节约更多的钱。"他于 1930 年成立了他的 Åkerlund & Rausing 公司。

Rausing 的创业受到他在美国观察到的这一现象的影响:零售店出售预先包装好的产品并因此享受到巨大的效率提升。顾客购物时可以独立地挑选包装好的产品而不需要商店伙计帮忙铲起特定重量或体积的调味品或糖再装到袋子里。因此,Rausing 的公司研发和生产了各种各样适合不同产品的包装系统。他本人之前在印刷产业工作的背景非常有用,因为顾客总是希望他们的产品像品牌描述的那样有用。

　　包装牛奶是一个终极挑战。他开始设计牛奶包装之前,牛奶都是被倒入一个顾客自己提供的轻型金属容器里,顾客饮用完牛奶后会洗刷干净,然后再次购买牛奶时接着使用。在这种情况下,新鲜的牛奶变质非常快。

　　一个更加卫生的玻璃瓶系统映入世人眼帘。曾经有一段时间,这种方法取代了在零售店装灌牛奶。顾客使用完的空瓶子被送回商店,商店再将空瓶子运回牛奶厂,牛奶厂清洗、消毒之后再循环使用。然而,玻璃瓶非常易碎,因此这套系统并不是很高效。同时期另一个方案是采用石蜡纸箱,事实证明运转得也不是很好。

　　Rausing 要求他的工程师们发明出一个牛奶的包装系统。他相信涂料纸或者纸板等材料最适用于牛奶包装,但挑战在于如何设计和生产出一个实物形式。

　　一个年轻的化学家在观察了长纸筒后,提议采用正四面体。有拓扑学倾向的数学家会知道瑞典实验者已经发现:如果一个人在两个位置(相互垂直并且垂直于圆柱的轴线)将一个圆柱按压在一起,其结果是得到一个正四面体。这是将一个圆形减少到四个平面三角形的最简洁的方法,也是第一个天才想法。另一个天才想法是如果封口器宽于被包装的液体表面,空气就不会进入,从而保证了一个无菌的条件,意味着巴氏奶可以得到更长时间的保鲜。这对于包括运输、仓储、超市和牛奶店在内的整个物流系统是一个重要的影响因素,尤其对卫生条件比较差的地区更为重要,比如贫穷的社区、发展中国家以及自然或人为灾难频发的地区。

　　要达成这些目标十分困难。在新成立的瑞典利乐公司里,设计师仍然需要寻找最好的包装材料和将其黏合在一起的方法。同样值得关注的是该包装将要盛放流体食品。另外,什么样的机器可以生产最终带有合适商标的牛奶纸盒呢?

　　如今,常温奶纸盒是利乐砖(Tetra Brik)多样化的包装系统中的一个大类。尽管四面体纸包装已经开发了很多后续系列,但从物流的角度来看,四面体纸包装很不理想。尽管特殊情况下仍然会使用四面体形状的包装物,如少量的奶酪或牛奶,但方角的平行六面体纸盒有更大的优势。利乐砖比起初的四面体纸盒使用更多的材料,但其形态从物流角度来看效率更高,可以带来其他方面的节约。由于满足了无菌的条件,因此如今的包装质量大多都能够适应简陋条件下保鲜方案的要求。

以纸为原材料的牛奶包装显然比笨重的回收型的玻璃瓶包装更前进了一步,但却存在一些环境方面的成本:从太空中可以看到亚洲区域有一条白色带,这是人们从火车上扔下的空包装形成的。Ruben 之子 Hans Rausing 创立了一个新的企业,旨在纠正这一问题。他的新公司爱克林(Ecolean)利用聚合物和白垩的合成材料制作包装,这种包装在阳光和空气下会自我分解,可以装比利乐包装更广种类的产品。乌克兰是这种包装物的早期开发市场。这种发展轨迹很好地说明了愉悦是设计驱动式创新的一部分,以及我们在第 1 章中引入的"愉悦、优越、简洁和优雅"这几个词是如何体现的。但是这个案例并没有愉悦顾客,也没有愉悦那些不得不为如何存储、运输和展示奇怪形状绞尽脑汁想出办法的人。利乐砖提供了一个不太引人注目的几何形包装,但是却开启了包括消费者、冰箱在内的整条令人愉悦的物流供应链。

图 5-4

在第 6 章中,通过讨论设计师的工作类型,我们想阐述意大利伦巴第地区的设计系统是怎样产生的,以及在这一地区,涉及驱动的创新是如何成为核心活动的。

尾注

_____

1. B. B. de Mozota，2004.

第 6 章

设计驱动的创新与设计对话[1]

目前,很多企业都在寻找一种开发产品的新方法,这种方法不仅使得产品的功能出众,而且还能够在产品和消费者之间产生一种情感上的联系。它们慢慢地将注意力转向了意大利,特别是伦巴第和米兰周围的地区。这些地区的工业已经相当发达,而这些地区的企业在创新和价值方面都取得了巨大的成功。尽管诸如 Alessi、Artemide 和 Kertell 等公司,它们规模相对较小,资源也有限,但是它们却总能创造出具有出众价值的突破性产品而在行业中保持相对领先的竞争地位。它们的成功有着独特的秘诀。

这些成功的意大利公司,既不认为设计是一个理解和满足消费者当前需求的过程,也不认为设计只是美化产品外观的工具。这些企业不是简单地在产品造型、款式上进行竞争,而是将设计看作是一种创新战略。它们形成了一种探寻产品更深层次的情感和象征意义的独特方法,并创新产品的意义。设计驱动的创新能够使这些公司取得更大的利润并强化其品牌价值。

Artemide's Carlotta De Bevilacqua 解释说:"每个以市场为导向的公司都明白设计是一项优势,设计不仅是给出产品良好形象的手段,而且它必须能预期一种需求,提出一种愿景。"

意大利的公司已经意识到它们处于一个网络中,这个网络由当地和全球的参与者组成。这些参与者包括设计师、供应商、艺术家,甚至其他行业的公司厂商,他们持续调查研究着社会文化的发展趋势并且塑造着人们看待产品并与之产品互动的方式。这个参与者网络就像一个巨大的研究实验室,发挥着以下的功能:持续不断地尝试研发新产品并拓宽消费者的选择、挑选新颖的概念、推行新的价值。这个实验室由成千上万个相互联系的、正式的和非正式的协会、厂商和专业人员之间的合作组成。设计对话(design discourse)是指关于可能出现的新的设计语言和意义的扩散式会话。意大利制造商们正利用设计对话的作用来推行和实现设计驱动的创新。

　　要理解这种成功的意大利企业采用的创新方法不是一件容易的事。但是，一种解释这种创新战略特性的框架将帮助我们探讨设计是怎样支撑设计驱动创新这种战略的。

作为意义创新的设计

　　什么是设计驱动的创新？它怎么样形成竞争优势？要解释意大利制造商们的这种独特的方法，我们需要先讨论设计的定义——设计就是功能和形式的整合创新，并对其依据图 6-1 进行相应调整。

　　功能 vs 形式的辩证逻辑使得设计者们将后者等同于产品的美学外观；确实，两者之间的争论通常简单地集中在功能主义或实用主义与形式主义之间的对比上。特别是在制造业背景下，美学内容被视为竞争动力（如家居和照明）。图 6-1 详细阐述了形式概念能更好地捕获产品的交流和语义维度。

图 6-1　设计是知识的产生和集成

引自：Verganti，2003。

　　正如大部分设计师所知，一个产品的美学外观（它的风格）仅是一种能够带给消费者产品信息的途径。除了产品的功能性之外，消费者真正在意的是它的情感和象征价值，即产品的意义。如果说产品功能的目的在于满足消费者的使用需求，那么产品的意义就在于满足消费者的情感需求和社会文化需求。产品意义赋予消费者一种价值系统、一种个性和身份，而这些都是产品样式、外观不能提供的。[2]Krippendorff 写道："design 这个词的源自拉丁语 de＋signare,它的意思是制造一种东西,通过某种标识(sign)使其区别开来,赋予它意义,赋予它与其他事物,如拥有者、使用者或商品等的某种联系。基于这个最原始的意义,可以说设计就是创造意义。"[3] 对于设计经理来说,他们要战略规划产品的品牌认同感,因此,对于设计一词的解释更应深入:"用独特的标记(mark)、标识、名字来表明意义。"[4]

Artemide 公司中 Metamorfosi 的灯具设计阐释了这一观点。由 Ernesto Gismondi 和 Sergio Mazza 在 1959 年创立的 Artemide 公司是一家意大利领先的高端照明设备制造商。这家公司以它陈列在一些知名博物馆的几款设计而著称。1998 年,Artemide 举行了 Metamorfosi 灯具的首次发布会,包含了以下几款产品,见图 6-2。(图 6-3 和图 6-4 更加详细地介绍了 Metamorfosi)

该系统包括一项创新的专利技术。其基础是一个小型电力控制系统,该系统允许用户(通过远程控制面板)创造或存储几种由三个配有分色滤光片的抛物面反射器生成的颜色氛围(单色光和晕的组合)。

图 6-2　Artemide 公司的 Metamorfosi 系列灯具

资料来源:Metamorfosi Yang,Artemide,Design by Carlotta de Bevilacqua,2000.

Metamorfosi 是典型的意义的创新。它的产生是基于人性照明的概念。它并非一个传统的灯具,它是一个制造灯光的系统,特别是其彩色的灯光能够依据消费者特殊的情感需求进行调整。在这系列的灯具中,灯光被认为能够传递某种情感、思想和记忆,并与人们当时的幸福感相关联。使用者之所以购买这个灯,不是因为其精美的款式,而是因其优雅的灯光。

购买灯光而非灯具——Artemide 对于意义的创新是显而易见的。设

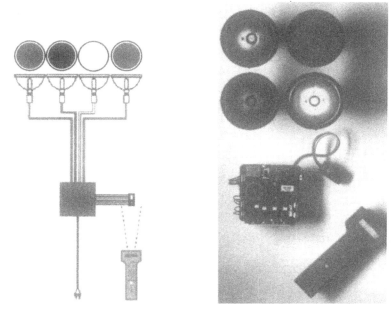

图 6-3　Metamorfosi 工具箱

图 6-4　Metamorfosi 灯具点亮一个房间的方式

计者通过最小化其外形并利用半透明材料来强调这一创新，从而"隐匿"其物理形态而让产品去传递更有价值的信息：由灯光唤起的用户情感。

　　Metamorfosi 的例子也阐释了一个特定的意义是如何通过一个特定的设计语言（design language）达到的。设计语言是指设计师通过一系列的标识（sign）、符号（symbol）、图标（icon）来传递信息。例如，半透明的最小化的形体是 Metamorfosi 表达人性照明意义的语言。

在一个通常以产品样式和外观为竞争驱动力的行业中,人性照明的理念反而成了这家公司使命的战略驱动力。几家竞争对手也正通过在灯光的颜色和由灯光产生的意义这两方面做文章来模仿 Artemide。同时,Artemide 也通过对这一系统的创新继续前行。

赋予设计某种意义

在图 6-1 所示的框架中,创新可能关注一件产品的实用功效、设计语言或者两者兼有。功能创新可能暗含着渐进式的或大规模的技术改进。而从语义角度来说,创新这个词或多或少与激进式相联系。例如,一个产品可以采用某种语言并传递某种信息,而这些语言和信息或者与当前社会文化需求一致,或者遵从现存的和已确立的需求的演化和发展趋势。如果某种产品能够符合当前的审美概念,消费者就认为它是"时髦的"(stylish)。对产品意义创新的渐进式方法通常是公司要求设计师提供一个样式上有吸引力的设计。设计的目标是以当下被接受的设计语言去设计一种产品样式。

在其他情况中,一个产品可能会选择蕴藏着对某种意义重新解释的语言和信息。对于这种产品,用户会赋予其新的意义。Artemide 公司的 Metamorfosi 灯具系列正是这种意义创新的例子。用户寻求的不再是一个漂亮的灯具,而是让人感觉更好的灯光。

一项意义的重新诠释不是立竿见影的,它需要时间。用户需要了解新的语言和信息,并找出与他们社会文化背景相关的新的联系,并以此探寻产品新的象征价值和与产品互动的新模式。

技术创新需要在技术体制方面有重大的改变,[5] 而意义创新需要在社会文化体制方面有重大的改变。我们并不是指那些"时尚的"或时髦的产品,而是指可能对新的设计语言有贡献的产品,它们在未来也许会变得时尚。这种产品的销售量可能不会一下子很高,但是会慢慢增长。它们是稳定的、长期的。追求这种观点的公司将设计看作是一个变革的动因,而非赋予产品良好外形的工具,并且将设计置于公司竞争战略的核心位置。

在设计密集型的行业,成功的意大利制造商展示了他们独特的掌控设计驱动创新的能力。他们的创新战略结合了几个渐进式创新项目,并穿插了产品意义的突破性变革。这些突破将开发新的途径,推动设计语言的扩散,设立新的解释标准,并满足潜在的需求和期望。通过设计驱动的创新,这些突破代表着各自行业的重要里程碑,因为往往这些突破会带来新的品牌价值,并使得其载体企业迅速超越竞争者,在市场中独占鳌头。

Alessi 公司知名的 Family Follows Fiction 产品生产线,是另一个引人注目的设计驱动创新的例子。Family Follows Fiction 是一套彩色塑料厨具产品。Alessi 在 1991 年设计了这条生产线,那时,所有人都认为厨具不过是铁制的工具产品。而 Alessi 公司最早意识到并开始探索消费品的情感因素。现在,很多公司采取类似的方式,不管是 Alessi 所在的行业还是别的行业,甚至学者也在倡导产品情感和体验维度。[6] 同时,Alessi 作为全球领先者,在高度竞争的市场中创造并持续保持着强有力的竞争优势。

另一个设计驱动创新的例子是著名的 Kartell 公司创造的"蠕虫(bookworm)"书架(见图 6-5),它不仅是一个用来存放书籍的工具,而且还是一个个性化的"绘画和文学的知识库"。它作为一个巨大成功的产品,在开发出来的 10 年时间里,已销售出 25 万套。

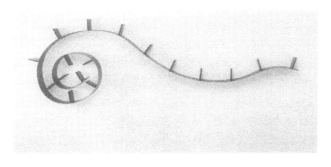

图 6-5　Kartell 蠕虫书架

这些产品很好地诠释了我们在第 1 章给出的设计驱动创新的定义。它们既简单又优雅;它们既愉悦了顾客又创造了意义;在"人性灯光"的例子中,他们是从系统层面进行创新的。

追逐设计驱动的创新

大量的公司意识到了设计驱动创新的重要性,尤其是那些旨在加强和保持品牌价值的公司。这些公司愿意承担设计驱动创新带来的复杂性和风险。一个公司如何才能实现设计驱动的创新? 在市场中,如何定义一种新的意义,并使其被用户接受? 为回答这些问题,我们首先认为创新是创造知识和整合知识的过程的结果。[7]而当追求设计驱动的创新时,这些知识来自何处?

正如第 1 章提到的,三类知识对一个创新过程来说特别重要:关于用户需求的知识;关于技术机会的知识;关于产品语言的知识。关于产品语言的知识是指为了向顾客传达产品信息而使用的各种各样的标识(如符号、指标和图标,设计者或许会选择他们来向用户传递一种人性灯光的信息),以及顾客赋予那些标识以意义的文化背景(如社会文化模式)。图 6-6 说明了这三种类型的创新在分析框架内的位置,三种知识类型在设计驱动创新方面的重要性,并将该方式与其他两种典型的创新方式进行对比:技术推动的创新,即由新的技术方法和设备推动的创新;市场拉动(或以用户为中心[8])的创新,即由明确而直接的用户需求拉动的创新。[9]

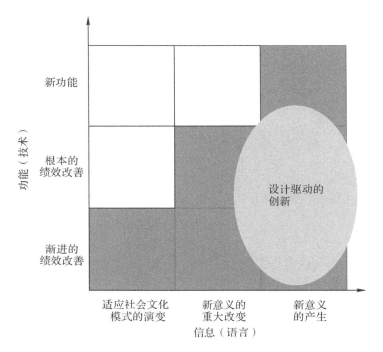

图 6-6　意大利企业的创新战略

引自:Verganti,2003。

产品语言的知识在三种情况中均出现了。事实上,正如图 6-6 所示,在任何一个新颖的项目中,功能的创新与信息的创新均会出现。然而,在三种情况下,明显不同的是产品语言类知识在这三者中扮演着不同的角色。在市场拉动式创新及技术推动式创新中,创新的主要驱动力是关于用户需求的知识和关于技术机会的知识。在这两种情况下,关于产品语言的知识作为辅助知识进入创新过程。

而设计驱动的创新是一种寻求突破式信息的创新,这三种知识类型在这一创新方式中,是一种完全不同的平衡关系。创新的驱动源,既不是技术(尽管技术是一种非常重要的创造新意义的方式),也不是用户需求。你很难想象,用户会明确地指出要求一种"人性灯光",要求一个螺旋的旋转书架,要求一个像宇宙飞船的榨汁机(Alessi 著名的由 Philippe Starck 发明的 Juicy Salif 柠檬榨汁机)。创造这些产品的公司很少依赖传统的基于调查、焦点小组的市场分析方法,同时也很少大量投资于商业领域越来越关注的人种学研究技术。企业知道他们不可能通过这些办法达到深远的意义方面的创新,因为意义的颠覆式创新不是靠市场来推动的,而是来自于对未来的愿景。

Artemide 的主席 Ernesto Gismondi 解释道:"我们为人类的进步提供建议。"在这句话的背后,我们可以看到想成为社会变革主导者的雄心壮志,或者至少是通过公司的运作来提高世界朝着企业的价值观或者企业家自身的信念转变的可能性。

这些意大利制造者的"建议"并不是天方夜谭。在某些方面,这些设计导向的"建议"确实满足了未来消费者的需求,获得了巨大的市场成功。那么这些公司又是如何成功地想到这些极富创造力的"建议"并且能够从中获利的? 他们又如何创造了这种突破式的信息,而这些信息最终也与消费者们正在寻找的信息相契合(甚至他们还是无意识地在寻找)?

设计对话

用户赋予一种产品的意义取决于他的认知模式,而相应地这又受其所处的社会文化背景所影响。如果要提出新的产品意义就意味着必须要先了解社会文化模式的内在演化过程,而不是只关注其外在的表现。

意大利的制造商已经形成了一种卓越的能力,这个能力就是他们能够理解、预测和影响新的产品意义的出现。他们不会受到从众效应的影响,而是通过研究那些社会文化现象去搜寻新的设计语言。这些现象在当下是很少能被观察到的,但却是明日的趋势和未来的现实。意大利的这些企业会仔细"侦探"到当下社会文化模式中的"风吹草动",从中选择与它们自身价值观相契合的细微变化,并通过产品使得这些细微的社会文化的变动变得更加容易让人理解,变得更加有意义和富有内涵。

意大利制造商对社会文化演化的知识获取过程以及形成新产品意义的过程都是很难被发现的。因为关于社会文化模式中潜在的、细微的演化并不是记录在书本上的。这种知识很难进行编码,而是内隐的、含蓄的。要通过一系列持续的过程才可以了解这种知识。这种知识也不存在于社会学的脚本设计中,虽然这种脚本常常被用于描述未来发展趋势和推断当前现象;而关于未来发展的书籍和报告等也都早已经被大多前沿的企业所知晓,因此它们也提供不了多少有价值的信息。设计驱动的创新要求企业对这些"脚本"进行一些修改,并在修改后的基础上提出创造性的想法。

进一步说,这些知识是分布式的:它不能直接从单一的知识库中获得。社会文化模式的塑造及这些模式对产品语言的解释会随着用户、公司、设计者、产品、交流媒体、文化中心、学校、艺术家等之间不确定的联系而变动,正如关于文化是如何产生的研究所说明的那样。[10] 换句话说,一个公司就像一个沉浸在巨大网络中的参与者,他们探索未来的意义并通过他们的行动影响新文化模式的创造。

以 Artemide 公司为例,公司的挑战是发觉"什么东西会使得人们如同住在家中一般愉悦"。换句话说,它在寻找未来可能的家庭生活方式和思维方式,所以,Artemide 公司所考虑的想法和建议都是为了满足上述目标。公司发现,它们周围都是面临着相同挑战的其他参与者:正在追寻设计驱动创新的其他家居生活相关的公司(例如家具、小家电、电视机等的制造商);为这些制造商提供新项目的产品设计公司;室内设计杂志及其他开发室内场景的媒体;关心如何能够使他们的新材料用于家具产品的原材料供应商;大学或设计类学校;探索新的空间组织的展厅及展览室设计者。

这些网络的其他参与者对了解未来的家庭场景很感兴趣,他们投入到家庭场景的研究中并都延伸出各自关于社会文化模式演化方面的知识。通过他们的行动和结果(产品、项目、报告、展出等),他们影响着人们生活在家中的想法和喜好。这些参与者的相互作用,增强了他们理解和影响社会文化模式的能力,因此,增加了设计出能在未来市场中获得巨大成功的深层次的意义的创新。

意大利的制造商们非常重视他们与其他参与者的互动,因为他们认为这些参与者是对未来场景演化中"新意义的解释者"。有鉴于此,他们和这些参与者分享彼此的愿景、交换关于发展趋势的信息并一起对他们的假设进行稳健性测试。这些制造商们已经认识到关于社会文化模式的知识分布在他们所处的外部环境中。他们将自己看成如同身处于一个巨大的研究实验室中,而在这个实验室内包含了与设计者、其他企业、艺术家、高校等的各种调查和互动。这个网络实验室就是设计对话——一个持续的关于社会文化模式(已预见的、期待的)及其对消费方式、意义及产品语言影响的对话,这种对话发生于同全球和地区范围内其他参与者的显性互动和隐性互动中。

有趣的是在技术创新过程中,对于企业边界外的研究过程,学术界也给予了相当的关注。[11] 近来的研究显示,公司应运用系统的视角来展开研发活动。也就是说,尽管某些企业的研发实验室规模比较大,但是也只是巨大的"研究者—机构—公司"这个网络的一小部分。学者们将之命名为商业生态系统[12] 或者开放式创新[13]。Von Hippel 还进一步研究了用户在这个创新网络中的作用,这种现象当考虑到语言创新的时候更为相关,因为社会文化模式是在企业之外的社会中形成的,而企业内部研发实验室只能够侦测到和影响到这种社会文化模式。

我们研究的意大利制造业了解怎样利用设计对话实现意义的创新。他们认识到其很重要的一部分竞争优势在于他们能够参与、影响设计对话,并将其作为重要的载体与用户进行沟通。这些制造商已经开发出一些独一无二的实践方法,以使得他们能够识别出设计对话中的"关键诠释者",吸引他们并且和他们发展特殊关系(战略联盟、供应链关系等),在控制自身独特愿景的同时与这些"关键诠释者"共享信息,并且利用设计对话和用户沟通联系。

米兰的设计对话尤其丰富和频繁,而且当地企业因为可以更容易、更深入地与"关键诠释者"进行交流而有机会形成本土化的优势。有一些家具制造商就已经形成了这么一种出众的能力去实现设计驱动的创新。

米兰系统的设计对话

在伦巴第(Lombardy),设计对话是向遍布全世界的参与者开放的,这些参与者根据社会—文化模式彼此交换知识,但是本地的网络和本地的对话也是非常重要的。关于设计对话的细微变动主要是通过私人关系，通过研讨会和项目合作以及非正式的交流方式进行传播。而对话的质量在很大程度上得益于地理上的接近。对制造商而言，在地理区位上靠近设计对话最密集的地方是一个显著的优势。确实，意大利设计对话的质量，尤其是伦巴第地区，是许多本地产品制造商成功的主要贡献因素。

米兰被公认为是世界范围内的设计之都。[15] 这个只有 150 万人口的城市是许多从事设计的工作者和企业汇集的中心，米兰对于设计的影响延伸到整个伦巴第地区。而后者也是意大利最发达、工业化程度最高的地区之一，也是欧洲工业和文化的核心区域。[16]

米兰设计系统涉及很多产品领域，但是米兰的核心设计能力主要关注两个特定领域：家用产品（包括家具、灯具、炊具、家用品、小家电、大型家用电器、厨房用具等）和个性化商品（如服装和纺织品、珠宝、时尚饰品等）。实际上，在第一类产品中，设计的作用体现得更强。

我们使用了设计"系统"而非"区域"或"产业集群"等术语，后两者在文献中非常普遍。[17] 米兰设计系统既不是米兰咨询公司和设计公司的集群，也不是伦巴第家具制造商的集群。这两个集群是整个设计系统的组成元素，该系统还包含这些与当地设计对话相关并从其中受益的元素。例如，伦巴第地区是很多汽车制造商的设计中心聚集地，这个现象的背后是由于车内部和车体风格的设计语言与家庭内部设计的设计语言有着很大的相关性。米兰设计系统包括原材料供应商（众所周知，意大利家具率先使用聚合物和其他代替木材的原料）、分包商等。我们说米兰设计系统不是产业集群，这是因为其中很多参与者并不属于某个产业：米兰设计体系里的主要参与者包括大学和设计学院、博物馆、陈列馆、服务提供商（摄影师、广告代理等）、工匠、建筑设计和室内设计杂志出版社、展会和参展者以及艺术家。图 6-7 显示了米兰设计系统及该系统里的设计对话。

这个系统是复杂的、多层面的，而且节点之间有着可渗透的边界。表 6-1 总结了在米兰设计对话中主要参与者的基本特性并提供了一些标杆数据。

如表 6-1 所示，针对设计，尤其是家居设计的当地社区群体非常丰富并且密集。但是，米兰设计系统的与众不同之处并不在于个人参与者的数量和质量，而是他们的互动。换言之，是"联系"，而非网络节点导致了当地设计资源的独一无二。在伦巴第地区，制造商和设计者之间的联系特别强。政策制定者也将伦巴第地区的这种强联系视为取得成功的重要因素。实际

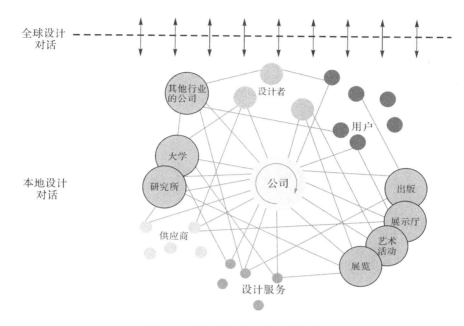

图 6-7　伦巴第设计系统的参与者

上，其他欧洲地区把"改善生产者与设计者之间的交流"（其次是"改善设计管理惯例"和"改善设计者在制造者中的战略地位"）作为其设计政策的 13 个目标中最重要的目标。[18]而国外政府把伦巴第地区看作是在它们自己区域发展设计的一个参考模式。

表 6-1　伦巴第设计体系中的各种角色的特点

角　色	特　点
家居产品 生产者	意大利生产者的总体营业额是 540 亿欧元（其中 54％来自于出口收入）。意大利是世界上最大的家具出口国（占 16％，德国排第二，占 8％）。在意大利，有 23％的家具生产厂商，20％的家具生产职工位于伦巴第（来自 2000 年的数据）。这些企业大多数都是中小型企业（每个公司平均有 8 名职工）。一些公司定位于高端细分市场。它们采取并且整合几种技术或材料（不只是木材）。大多数公司没有自己的设计部门，但有自己的战略营销部、品牌部、生产部和研发部。想法和概念常常来自于外部（设计者），但是公司内部会严格控制技术和品牌。
设计公司	米兰有 700 家设计公司（占意大利设计业的 60％）。主要是微型公司或是工作室（30％是只由一个专业人士运营，77％的公司员工不到 4 人，只有一家公司的职工超过 100 人）。许多设计者有建筑学位。还有许多外国设计者。这些公司中 90％做家居产品项目。69％的公司也做其他领域的项目。大多数设计者从事想点子的工作。他们没有生产能力（不能提供整套产品开发服务）。

续表

角 色	特 点
用户	意大利家庭会把 10％的非必需品支出花在家居产品上,这比欧洲任何一个国家都要多。伦巴第的人口差不多占意大利的 16％,却购买了意大利家居产品的 21％。关于家居产品的类型,当地用户懂得很多。他们自己也沉醉于设计过程中。
其他行业的代加工(OEM)	伦巴第是意大利最先进的工业地区,也是欧洲主要的生产和研发地区之一,有各种各样的工业部门,其没有特别主要的经营聚焦点。一些国际公司把它们的设计中心设在米兰。
供应商	一些中小型供应商处于家居产品供应链的上游(零部件、生产线、产品技术等的供应商)。他们在地域上很集中,并且高度专业化,在要求和创新方面灵活性很强。(参考 Piore 和 Sabel 1984 年的研究)
支持类服务	米兰有很密集的服务来支持设计创新,比如广告公司(占了意大利的 38％,其中 85％从事家居产品业)和公关机构(占了意大利的 79％,其中 36％从事设计活动)。有许多技术人员,他们喜欢做试验,为生产厂家设计小型单元或原型部件。
协会	米兰是意大利设计协会(协会中 750 名成员是专业设计者)和意大利家具生产商协会(本协会是欧洲最大的)的所在地。
学校、大学和研究中心	米兰是世界上建筑和设计学习教育的中心。在这一领域中最古老的意大利大学 Politecnico di Milano,每年招收大约 2000 名建筑方向的大学生(占意大利学习建筑学生的 30％)和 900 名的设计方向的大学生(超过意大利学习设计的学生的 60％)。这所学校还开设设计方向上的博士生课程,这在意大利是独一无二的。与职业环境的近距离交流:超过 60％的授课者是设计人员或是专业人士,他们都有自己的设计项目。国际上知名的其他非大学类型的院校有:Domus Academy、Instituto Europeo del Design、NAB A、Scuola Politecnica del Design。
博览会	每年四月,米兰都会举办最重要的国际家具博览会——Salone del Mobile。整个城市都成了在"Milano 设计周"名义下的项目、研讨会等活动的中心,吸引了来自世界各地的人们。在 2003 年,170000 家公司在博览会上展出了它们的产品,会上有 3300 名记者出席(其中 50％来自国外)。
展销会	在 20 世纪 20 年代早期,Triennale di Milano 就已成为意大利建筑、设计和现代艺术的文化中心。 有 57％专门从事会展设计的公司位于米兰。 许多米兰展销室(尤其是家具和时尚业)正尝试着用新的语言和标识。
出版商	米兰有 746 家出版商(占意大利出版业的 25％)。大约 60％都活跃在设计领域。 在米兰有 16 家设计杂志。其中 10 种杂志是用英语编写的,而且在世界范围内出售。

来源:Verganti and Dell'Era,2003;Bertola *et al*.,2002.

　　意大利生产者已经意识到当地设计对话的重要性和价值,并对此进行培育和支持。在 20 世纪 80 年代,一项被称为 Memphis(城市名)的文化运动改变了设计界,它主张一种以前卫的款式设计、大胆的色彩使用和塑料薄片的表面样式为基础的突破性的设计语言。Memphis 传递了一种讽刺和激怒的讯息,因为其倡导的与传统的所谓"好"的设计风格相悖。当运动的领导者 Ettorre Sottsass 需要资金来开展这一先锋运动时,他去找了 Artimede 的董事长 Ernesto Gismondi,而后者提供了大量的资金。因为 Artimede 认识到 Memphis 运动就是探索新产品语言的"研究实验室"。Gismondi 说:"对我来说,这是一次试验。"

当然,创造一种意义丰富的设计对话绝非易事。这需要大量时间和一些参与者的协调工作。好的消息是伦巴第地区当地的设计对话在每个区域都存在,因为关于社会文化模式的讨论随处可见。把这种讨论引入到生产和工业背景中来可能会花费时间,但是它也能创造有利的循环模式:一个地区的设计对话越发展,这个地区就越能吸引更多的人才和投资,它吸引的这种资源越多,它的吸引力就越大。这就解释了为什么意大利尽管在许多技术领域人才流失严重,但是在设计领域仍可吸引人才并从中受益。意大利生产者生产的许多产品是由工作在伦巴第的非意大利人设计的。如同著名的以色列设计者 Ron Arad 所说:"北部意大利是世界设计的中心,不仅仅是因为来自于意大利的设计,更重要的是因为它的设计文化氛围。在世界上你找不到任何一处有这样数量如此众多的生产商,而他们都知道设计的价值所在。"

将设计者作为设计语言的中介

伦巴第设计系统中最有价值之处在于生产商和设计者之间的交流与合作。意大利生产商利用设计对话中"关键诠释者"的外部网络来实现设计驱动的创新。这些生产商是怎样使外部设计者介入到他们的创新过程的呢?

意大利公司意识到设计咨询顾问在伦巴第设计系统中可以扮演"焦点参与者"(focal actor)的作用。他们是关键的连接点,引导着其他各方参与到设计对话中来,而通过设计对话最终形成新的产品意义。换句话说,在社会文化模式的演化进程中,设计者可以起到"守门员"的作用。他们是设计语言知识的经纪人。

把设计者看作是知识的经纪人并不是一种新的观念。1997 年一个关于 IDEO 的研究表明,作为一个设计公司,IDEO 是如何扮演一个技术经纪人的角色的。它同时与 40 个不同的行业打交道,并积极探索自己在网络中的位置,进而为客户企业提供跨行业的解决方案。在设计驱动的创新中,设计者扮演的是语言知识而非技术知识的经纪人。当然了,技术上的能力仍是关键的(可以作为使用新语言的途径),但是最有价值的还是来自于企业能够理解社会价值和意义的微妙的动态演化过程以及这种过程对产品语言的影响。设计者协助那些生产商客户与日益展开的有关演化过程和语言的讨论进行交流。他们为生产商带来许多知识,以帮助生产商诠释设计对话,而在这一过程中,设计者自身也参与其中。

在这里,关于语言的知识是关键所在。设计者并不扮演社会学家的角色。尽管他们可能会讨论社会中隐藏的以及新兴的现象,但更多的是关注用户新的、难以清晰表达的、语义上的需求。他们观察社会文化的模式并提出建议来影响社会文化模式中日益显现的演化机制。他们的这种角色与建筑师很类似(事实上,与大多数意大利生产商相联系的设计师都获得了建筑学学位)。建筑师设计的是建筑,这是通常比顾客寿命还要久的产品。建筑师大多都超越实时的需要,想象未来的愿景,最终会提出必然改变我们生活情境的标识。

设计师和社会学家的另一区别在于设计师总是务实的。设计师将他们的灵感运用到产品上。因此设计师们更关注产品在不同文化背景下代表的含义等。

产品语言并不是行业特有的,它们从行业中往外扩散的速度比技术扩散的速度更快。例如,半透明彩色材料的运用从家居扩散到电脑上,正是这种语言扩散使得苹果 iMac 能够运用家居产品语言而不是办公产品语言。另外,设计语言还能够跨越不同的社会文化背景,这是一个更复杂的过程。深入文化层次的产品意义是有着重大作用的,正因如此,一个旨在追求创新的全球化公司需要掌握超越本土社会文化背景的设计语言。设计师要像技术经纪人一样,利用他们的网络推动设计语言的扩散,从而支持具有社会文化基础的产品意义的创新。事实上,意大利制造商在创新过程中会使用大量的外国设计师,并进行全球和本地背景知识的重新整合。

公司在创新过程中应该如何有效地引入设计人员并从其经纪能力中获利呢?从 Metamorfosi 公司的创新流程中,我们能够发现一些独特的视角并总结出一般性的指导方针。首先是在创新过程中,尽早地引入设计顾问。Artemide 独特的方法就是致力于让设计师参与到最初的设计阶段——研究新的设计语言。这个过程非常有效，它不仅孕育了设计驱动的创新，使得设计语言便于理解，并且还使设计师们体现了其最大的价值。

另一个方针就是保障设计师和高层管理者进行顺畅的沟通，作为一项建立长期竞争优势的战略，设计驱动的创新需要高层管理人员的直接参与。对新语言的研究过程扎根于高管们和设计师的互动中。鉴于设计师们是基于公司的战略资源展开设计活动的，他们其实是从事类似于战略咨询的工作。但这与传统的战略分析不同，研究语言的过程是需要集体广泛参与、讨论的，而不是仅限于一篇报告或研究。高管们和设计师之间的互动意味着企业需要对该研究过程投入大量的管理时间和精力。

引入设计顾问时应考虑其知识经纪能力。语言知识的特点就是不能简单地对其编码和传播，而是要通过复杂的网络系统来扩散。所以，在引入设计顾问时，应该根据设计师介入网络、连接局部和全球设计语言的能力来进行甄选。设计师的知识远比他们的创造力和设计工具更为重要。

根据共有价值观选择设计顾问也同样重要。设计驱动的创新意味着企业要运用其独特的价值观改变环境从而获得新的意义。另一方面，设计顾问也有自己的一套研究动态的社会文化模式的方法，并且拥有自己的价值观。我们已经强调了意大利高管们和设计师对待设计的态度具有很强的相似性：他们都是设计驱动的，都有着自己对于未来的愿景和理想。当他们各自的研究路径重叠时，他们的想法可能会有所差异，但基本的价值观需要保持一致。而且这种价值观的一致性不能随着某一特定的客户或者设计师而改变。

从米兰设计系统中我们也可以得到其他几点提示。例如，进行设计驱动的创新需要与设计顾问培养长期的关系。这个过程需要信任，而信任的建立需要时间和长期的合作。企业与设计师也要建立超越合同的联系。隐性知识的交流和传播、共同进行设计对话、共享价值观、建立信任等都不应是仅在合同规定下的交流活动。对语言的研究是一个持续的过程，它需要一个紧密的超越合同的关系。事实上，意大利制造商的多数高管们都会与设计顾问建立工作层面和私人层面的良好关系。

不能仅和设计顾问沟通，他们仅是了解语言知识的渠道之一。以Artemide 为例，他们在与设计顾问沟通的同时，还采取与设计学校合作、推动各种文化活动、致力于社会文化趋势的研究并积极与客户直接对话等多种方式来获取语言知识。

企业最好能开发自己的研究路径,设计顾问可以被看作是"守门员",他们提供一个更容易获得知识的方式。但他们不能取代企业内部的研究过程,而企业正是通过这个过程确定企业愿景的。企业与设计顾问签订合同是为了产品开发而不是企业自身价值观的开发。一个缺乏内在开发语言能力的公司是很难理解设计师的贡献的。

Artemide Metamorfosi 的创新过程

Artemide 进行 Metamorfosi 系统开发的过程包括三个宏观阶段。第一个阶段是对驱动整个创新过程的新语言的研究。1995 年,Artemide 开始探究新的价值体系,以强化受到新的全球化竞争者威胁的市场领导地位,并采取了几项措施获取新价值系统和语言系统方面的知识。该创新过程的核心是一个工作室,其成员包括 Artemide 的创始人兼 CEO Ernesto Gismondi 和他的妻子 Carlotta De Bevilacqua(Artemide 主管品牌战略和发展的经理)、五位非常著名的设计师和一位设计系教授。一位医生和心理学家负责协调该工作室,探讨光在人的生理、心理、文化等领域的背景下新的意义。该工作室的最终成果是形成了"人性灯光"这一愿景。

第二个宏观阶段是新技术的研究。在 R&D 部门的领导下,该公司寻求能够表达"人性灯光"这一新意义的技术。为此,该公司开发了一套"技术工具箱",包括分光滤光镜(dichroic filters)、控制电灯和定制存储不同灯光场景的计算机。该技术工具箱最终作为一个独立的产品出售。

第三个宏观阶段是产品开发,包括将新语言和新技术整合到产品中去。在这一阶段,Artemide 提供给不同的设计师基本的语言(人性灯光)和技术工具箱,然后让他们开发基于 Metamorfosi 概念的灯具。其中一些设计师已经参与了研究阶段,另外一些则新加入该项目。在这个阶段中,语言的焦点从意义及信息转移到物体的形式。

引入设计师有一个基本原则:设计语言的经纪行为不是在咨询市场随便能够买到的服务。企业采取何种方法吸引设计师的参与也是企业竞争优势之一,这一点在意大利的制造商中体现无疑。而这种方法的确立需要时间和三种独特的要素:与设计顾问建立长期的个人关系网络,一个可供选择的、互补的、丰富的获取知识的渠道空间,以及一个内部的整合流程。企业对于这三种要素独特的整合方式才是企业自身的可持续竞争优势。

通常来说,很多大型企业往往低估了设计对话的重要性,他们大都委托企业内的特定部门进行这项任务,从而阻碍了高层管理者的直接参与。意大利的制造商们却恰恰相反,企业创始人或 CEO 直接参与设计对话,公司对设计驱动的创新进行了长期的投资。他们的工作就是保持企业这种发展愿景、选择最佳路径的能力,以确保设计对话不会在企业中消失。

在第 7 章中,我们将会详细地探讨设计、产品意义、产品语言之间的紧密联系。而我们将举的例子是一个极富意义的产品——轮椅。

尾注

1. 对本章话题更详细的讨论可以参见 R. Verganti,2003。

2. 市场营销和消费者行为的研究已经表明,消费行为的情感/感情和象征/社会文化维度与经典经济模型的实用主义视角同样重要,甚至对于工业客户也是如此。参见 M. Csikszentmihalyi,2003;S. Fournier,1991;R. E. Kleine III,S. S. Kleine and J. B. Kernan,1993;H. Mano and R. L. Oliver,1993;S. Brown,1995;D. Holt,1997;D. Holt,2003;S. Bhat and S. K. Reddy,1998;E. Fischer,2000;M. T. Pham,J. B. Cohen,J. W. Pracejus and G. D. Hughes,2001;A. Oppenheimer 2005;S. -P. Tsai,2005. 一些设计学者和理论家实际上已经认识到并强调了设计的语义维度;V. Margolin and R. Buchanen (eds.),1995;R. Cooper and M. Press,1995;T. -M. Karjalainen,2003.

3. K. Krippendorff,1989.

4. *Merriam-Webster's Collegiate Dictionary*,10th Ed.,Merriam-Webster,Inc,Springfield,MA,1993.

5. B. Latour,1987;M. Callon,1991;W. Bijker and J. Law (eds.),1994;F. W. Geels,2004.

6. B. Schmitt,1999;D. A. Norman,2004.

7. M. Iansiti,1998. 其他学者从资源基础观的视角研究企业的设计过程,参见:B. Wernerfelt,1984;B. Kogut and U. Zander,1992;K. R. Conner and C. K. Prahalad,1996.

8. 以用户为中心的创新意味着新产品的研发开始于在使用背景下对用户行为的深入分析。这种创新采用先进的用户分析方法,例如采用应用人类学帮助发掘用户未能表达出来的需求。这是一种相当先进的创新方法,最近吸引了来自从业者(B. Nussbaum,2004)和学者(T. Kelley,2001;K. Vredenburg,S. Isensee and C. Righi,2002;V. Kumar and P. Whitney,2003;Lojacono and Zaccai,2004;R. W. Veryzer and B. B. de Mozota,

2005)的大量关注。我们认为以用户为中心的创新是一种市场拉动型创新,因为其基本假设是用户可以直接或间接地表达创新的方向,进而创新过程应该从用户当前的想法和行为出发,也就是从他们当前的需求出发。综上所述,该创新方法往往是一种渐进式的创新方法,因为它旨在搜索现有社会文化体制下未满足的需求。

9. 市场拉动型创新和技术推动型创新之间的争论是一个同设计的定义一样古老的话题(相关理论和评述参见 G. Dosi,1982)。这里使用了一个简化的分类,以激发对设计驱动式创新的相关特征的思考。

10. R. A. Peterson and N. Anand,2004.

11. O. Sorenson and D. M. Waguespack,2005.

12. M. Iansiti and R. Levien,2004.

13. H. W. Chesbrough,2003.

14. Eric von Hippel,2005.

15. See,for example,J. K. Galbraith,1997.

16. 伦巴第拥有大约 900 万人口(即意大利总人口的 15.9%)。伦巴第的内部研发投资高达 28 亿欧元,占到意大利研发投资的 22.5%,意大利私人企业 R&D 投资的三分之一,其专利数占到了 EPO 专利的大约一半 (1STAT 1999)。因此,伦巴第的工业和研究活动可以和一些欧洲国家如芬兰、爱尔兰、瑞典、比利时和丹麦等整个国家相媲美。

17. M. J. Piore and C. F. Sabel,1984; M. Porter,1990.

18. 一项设计政策的研究(R. Verganti and C. Dell'Era,2003)比较了本地设计对话的优劣势,其研究对象是欧洲主要的设计系统:Catalonia (西班牙)、丹麦、芬兰、伦巴第、伦敦、Rhone-Alps(法国)和瑞典。尽管所有的研究对象都有区别,有些是区域,有些是国家,有些仍然是大主教区,但所有的研究对象在大小和影响力方面具有相似性,而且都是设计投资政策的政策焦点。该研究采用德尔菲方法,要求 26 位国际专家和观察者评估这些系统中的节点和联系的质量。

19. A. B. Hargadon and R. I. Sutton,1997;P. Bertola and J. C. Texeira,2003. 上述两篇论文都是有关设计者如何扮演知识经纪人角色的有趣研究。通过将来自 Design Management Institute 收集的 15 家大型企业的案例与来自意大利设计体系(Sistema Design Italia)的 15 家小型意大利企业的案例进行对比,可以进一步探究设计者的角色。

第 7 章

通过设计扩大人类的可能性

　　轮椅的设计是一个非常好的案例,可以用来证实我们之前关于设计驱动的创新的讨论,不仅如此,它还包含了产品的意义以及设计系统如何运作等方面的内容。

　　在全世界,有行动障碍的人在日常生活和社交中都需要轮椅。(障碍是指暂时的或长久的身体结构或功能的缺失或异常。)随着社会多样性和包容性方面的价值观以及更具开放观念的出现,并且伴随着新材料技术的涌现,如超轻材料或精密电子仪器,使得人们改善轮椅设计的兴趣和投入日益提升。在最近 10 年里,动力轮椅和非动力轮椅已经获得了极大的提升,目前达到了轮椅的类型和种类已经可以让残疾人进行选择的水平,包括有操纵杆的轮椅,如带有微处理器的智能控制轮椅,可以参与运动甚至爬楼梯等众多项目的轮椅等。本章通过设计驱动创新进一步讨论领先用户在先进产品不断发展过程中所起的作用以及对工业设计和新技术的影响。

　　现在,世界上有超过 1 亿的人们存在严重的行动障碍问题。Rory Copper 作为一个活跃在轮椅设计和发展方面的领先者,认为这些人在全球范围内有超过 1 万亿美元的购买力,而这些移动设备的年收入也超过 10 亿美元。[1] 据瑞典残疾人联盟估计,在瑞典有 8％的人群存在行动障碍,有 10 万人群在日常生活中需要轮椅。另外,全世界每年有 50 万人患有脊椎损伤(近 1 亿人还有类似的损伤)。在这些人中,约 55％的人终生使用轮椅。[2]

　　继续前面章节的讨论,轮椅不仅仅是一种物理器材,还是一种蕴含着一定内涵的产品。它不仅包含了基本的功能和美学含义,对于使用者和观察者来讲,它还承载了一种情感价值,具有一系列的象征意义。从这一方面来讲,轮椅是非常理想的案例,可以用来阐述设计驱动创新是能够创造意义的。

轮椅是人类身体和思想的延伸

在历史进程中，轮椅的发展异常缓慢。目前使用的轮椅都是在近 20 年内开发出来的，还有许多人仍然使用这种传统的、不适合自主生活的医院设备。[3] 虽然发展中国家对有利于自主生活的轮椅需求极大，却仍然难以获得。比如在非洲，很少有人有兴趣开发并销售最先进的轮椅，因为在过去的 20 年里，他们对于残疾的基本观点与工业发达国家有很大的差别。当然，这也与有限的可用医疗资源以及整个社会状况有关。

现代社会的挑战在于要努力为残疾人增加机会，从而使他们的潜能得到最大限度的发挥，以提高他们的生活质量。这就要求有能够帮助残疾人过上更积极、丰富的生活的康复工程、创新、设计和产品发展。随着年龄的增长，行动不便的人们对于那些帮助他们维持自主生活的技术需求日益旺盛。如今，大于 70 岁的老年人中约有 5% 是轮椅使用者。[4] 但是，自从轮椅问世以来，轮椅的许多设计至今还没有得到过根本性的改变。

行动不便者的运动

行动障碍不再妨碍人们参与体育运动。例如，瑞典自 1969 年以来已建立了 18 个不同的体育项目，成为瑞典残疾人体育联合会（SHIF）的一部分，其中含有 35000 名活跃成员。这些体育项目包括轮椅篮球、橄榄球、田径、乒乓球、雪橇冰球和舞蹈。在 SHIF 的成员中，30%～40% 的人员有行动障碍，并活跃在不同的轮椅运动项目中。

在瑞典 Eskilstuna 的残疾人体育发展中心中，在轮椅的设计和运动领域的研究人员、梅拉达伦大学的学生、瑞典残疾人体育联合会以及领先用户正配合实施几个研究和开发项目。在"综合运动轮椅"项目中，梅拉达伦工程专业的学生设计活动性强的轮椅，并将各式各样的模型组合（图 7-1 给出了一些模型）。其目的在于让人们更容易地开始进行各类体育项目。

这些项目的成果已经作为"2005 瑞典设计年"的一部分在瑞典、希腊，以及 2006 年 3 月在意大利都灵的冬季残奥会上展出。

摆在轮椅使用者面前的共同问题是，当他身份发生改变时，他自己和他人的看法如何。[5] 一辆轮椅会帮助一个残疾人变得更加独立并能更好地支

图 7-1　综合运动轮椅的模型(1：3 比例)

配自己的生活,尤其是当这辆轮椅设计得非常好并容易使用时。由于能为用户带来独立和身份平等,轮椅成了人类身体和思想的物理延伸。

领先用户犹如创始人

"领先用户和制造商之间的紧密联系"在轮椅自主使用性和运动性的发展过程中起到了重要作用。在成功的轮椅运动员的管理和参与中,一些领先的轮椅制造商逐渐在市场中崭露头角,这些轮椅运动员既是设计者又是创新者,他们还形成了一个全球的网络社区以供进一步开发新运动轮椅。

正如 von Hippel 所说:"用户创新网络未必但极有可能会吸收来自用户社区的特性,诸如被定义为能够提供社交、支持、信息、归属感和社会地位的人际网络。而运动群体为参与者提供了社区的特性。"[6] 例如,wheelchairjunkie.com 这一网站每月有 12.5 万的点击量,是最活跃的轮椅讨论网站之一。网站管理员 Mark Smith 变得非常出名,以至于 Pride Mobility 雇他当经理和设计师。

随着设计的进步,通过利用新材料(如铝、钛、碳化纤维)、替代框架结构、悬挂系统、人体工学、可调节特性、车轮改进以及美学等,轮椅逐渐专注于轻质设计。要想制造出适用于运动的轮椅,就需要用钛来制造框架,用碳化纤维来制造车轮,这样一来轮椅就非常轻,但是价格昂贵。据瑞典领先制造商 Panthera 公司的所有者 Jalle Jungnell 所说,现在生产的轮椅的重量已经不足 1976 年的一半。1976 年在多伦多残疾人奥运会上的轮椅是用不锈钢制成的。20 世纪 70 年代末,轮椅生产引入了铝制车架,80 年代中期又引入了钛框架,在 1990 年碳纤维已经在轮椅生产中有了应用。

研究表明,超轻型的轮椅既能帮助使用者灵活地运动,还能降低二次受伤的风险。[7] 另外有研究指出,适当的座椅安装和调试会减少产生损伤的风险。还有其他重要的研究发现,包括将后轮轮轴往轮椅的重心靠近、应用平滑流体设计等。

设计在许多方面都非常重要。前世界级轮椅马拉松运动员,同时也是顶级轮椅制造商 ETAC 的产品经理 Bo Lindkvist 强调,设计从一开始以及之后的整个过程都可以纳入许多新的观点。"工业设计师掌握了更具人类工程学、美感、用户友好型的整体理念。如果没有工业设计师,我们的产品不会如此成功。一个没有工业设计师的项目团队是不可能将项目推入市场并获得成功的。"Lindkvist 对未来轮椅设计和发展的愿景包括更多的量身定制、位于中心区域的用户及企业网上下单、简单(制造、用户调整、简单操作等)、悬挂系统上的创新(摒弃充气轮胎)以及一个由设计和市场而不是技术推动的产品发展过程。

住在马萨诸塞州剑桥市的另外一位轮椅创新者兼设计者 Bob Hall 有着相似的经历。早在 20 世纪 70 年代中期,Bob Hall 便开始在他母亲的地下室设计轮椅。1984 年他成立了 New Hall Wheels 公司。1974 年 Bob Hall 成为第一个坐在轮椅上参加波士顿马拉松比赛的人,为许多之后的公路赛跑者打开了大门。同年,Bob Hall 赢得了在俄亥俄州举行的第一届轮椅马拉松大赛。图 7-2 所示是他为现代轮椅赛跑创作的设计之一。

与 Hall 一样,其他领先用户为轮椅在各个方面的设计和创新都做出了很大贡献。他们起着模范作用,同时也为众多的轮椅使用者带来新的启发,包括阐述了怎样的轮椅设计能带来商业价值并富有意义,同时还能提高人们的生活质量。

在最近 10 年中,有很多新型的轮椅被开发并问市,比如一些由超轻材料制造,并符合人体力学设计的手动轮椅。这种轮椅有助于用户自主使用并做一些适当的运动。当然市场上还有许多拥有突出特点的轮椅,比如使用摩托车技术并拥有操纵杆和智能系统的友好界面的动力轮椅(这还归功

图 7-2　现代赛跑式轮椅

于微处理器的嵌入）。还有一种创新型轮椅（下文会详细讨论）可以在爬楼梯时克服种种困难，在两个轮子上保持平衡。

　　Rory Cooper 将其毕生精力和专业化的工作都奉献于更加完美的轮椅设计。在一场公交车和超速行驶的卡车相撞的事故中，Cooper 差点丧生。他的第一辆轮椅由不锈钢制造，重 80 磅（36.3kg），在他出院的那一刻，他说道：“我讨厌那种轮椅。”从那时起，在轮椅的挑选、测试、构造方面，Cooper 做出了巨大的研究贡献。作为 1988 年残奥会的铜牌获得者，Cooper 被认为是世界上在轮椅设计和技术方面最权威的人士，他还是匹兹堡大学人体工程学研究实验室的教授。他的理想是，轮椅应该成为自我的一种延伸，是个人表达的一种方式。但是他也说，目前市面上在销售的一些轮椅不仅已经过时而且还有危险，是不合格的，这些产品不仅设计上很差还有可能会带来二次损伤。

　　诸如 Hall、Lindkvist、Jungnell、Tommy Olsson（英维康公司的创始人和产品开发人）以及 Cooper 等人，他们有哪些共同点呢？他们不仅都是行动上有障碍者，而且还是轮椅的主动使用者。更重要的是，他们都是世界级的成功运动员，都曾同场竞技或曾是同一领先用户网络的参与者。他们的设计通过运动的语言拓展了人类的可能性。

一项创新移动设备

　　有史以来，最具创新性的轮椅是 Independence 3000 iBOT™，由 DEKA 为残疾人发明的具有革命性质的移动设备（如图 7-3 所示）。Johnson &

Johnson 公司在 2004 年将其引入市场。[8] 2005 年，Johnson & Johnson 向市场宣布由 Independence Technology(a J & J Company)开发该项产品的第二代升级版。Rory Cooper 带领他的 HERL 研究团队对其进行测试并得出结果，认为"它是一件多功能的移动设备，为轮椅使用者提供了更多的选择。在户外有充足的空间时尤其能发挥它独特的平衡功能"[9]。

美国的研发公司 DEKA 成立于 1982 年，其创始人是享有盛誉的发明家和企业家 Dean Kamen。他在全世界共拥有 150 多项发明，其中有很多是医疗设备方面的发明。20 世纪 80 年代，他发明了首个佩戴式输液泵，公司成立之后，继而开发了气候系统控制和新的直升机设计。他还提出了普适性更强的装备，如他在第一次将平衡技术应用到 iBOT™ 基础上而提出的赛格威人力运输车。DEKA 公司致力于开发具有突破性的医疗设备帮助人们改变自身的生活，公司雇用了近 200 人，大部分是工程师，他们都致力于追求新技术在新领域的应用。

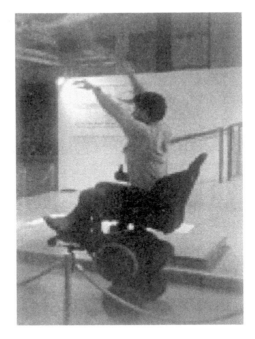

图 7-3　iBOT™

公司培养创新人才，鼓励大胆地质疑和非常规思考。J. Douglas Field 1997—1999 年以产品开发副总裁的身份任 iBOT™ 技术带头人。他认为 Kamen 总是关注那些重要的问题。Kamen 致力于为残疾人获得行动能力的原因是,有一天他看见一个坐在轮椅上的年轻人正在同身体残疾带来的不便努力抗争。而极富社会爱心的 Kamen 注意到了残疾人生活在为可以行走的人构建的世界里,对他们来说这是个不公平的困境。[10]

据 Field 所说,Kamen 脑中有很多发明想法,他沉迷于空气压缩系统、磁铁效应和镍钛诺合金。他没有选择渐进式的创新,而是专注于那些他认为公司能够帮助解决的困难问题。他在公司里营造出一种开发大量具有突破性产品的氛围。Kamen 鼓励工程师们投身于全新产品的开发并将其商业化。图 7-4 生动地说明了突破性产品的创新往往是非线性的,图中也展示了企业家或发明家的创造力、专注性和驱动力。[11]

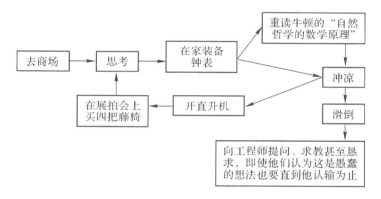

图 7-4　体现在 iBOT™ 的创作过程类型

Kamen 的突破性的工作就是发现"平衡使人类变得如此特殊"。这有助于 Kamen 从不同的角度来思考行动问题。虽然 Kamen 不是第一个使用陀螺仪来保持平衡和移动的人,但是他的公司是第一个将这个概念成功应用到轮椅设计中的。Kamen 解释了他所理解的行动的重要意义以及平衡的重要性:"你母亲会始终记得你小时候摇摇晃晃迈出的第一步。这是人类行走历史上的重要事件。这其实很难办到。保持平衡便是人类行走最根本的因素。"[12]解决平衡问题是解决一切问题的关键。最后 Kamen 研究发明出了能够帮助用户越过沙石和路障等,能上下楼梯、实现自我平衡的移动装置。这一装置能帮助行动障碍者像正常人一样站立或保持平衡,还能在超市或厨房里通过两个轮子高度的上升让使用者够得到上层的架子。为残疾人重新找回平衡还获得了更多戏剧性的、意想不到的效果:它提升了残疾人的高度,所以他们可以正常地平视人们的眼睛而不是只看到他们腰部。正常地平视其他人有着非常重要的生理上的好处,并且其他移动装备难以达到这种意想不到的效果。一位 24 岁的残疾者 Tammy Wilbur 测试了这件装置,并给出了极高的评价:"我已经很久没有这种感觉了,你知道由于身体缺陷我感觉自己非常矮,这是一件非常痛苦的事情。"[13]

这一运动装置改变了产品语言。"这种经历是无价之宝,是工程师们难以用数字来衡量的。"[14]虽然工程师无法提前预测到这一装置能够带来的意义,但是却能够预想到一旦用户使用这一产品后所能够带来的好处。

DEKA 还展现了两类创新文化的高效融合。著名的英国设计师 Terence Conran 认为,要想在设计、发明和技术创新上划出清晰的界限是不可能的,在他看来,发明者与设计师往往不会是同一个人。将一项发明转变成一项创新往往还有其他的技术要求。[15]因此,发明、创新还有设计这三者之间是互相需要的,好比是创新过程中关系密切、难以分离的合作伙伴。

人类的奇思妙想驱动了设计,但这种奇思妙想与现实文化之间也存在着一些不一致,这也成了新产品开发过程中的关键挑战之一。这比将全新的事物应用到现实生活中(因为既要有创造性的思维又要有极精密的工程设计)而引发的矛盾更为激烈。

DEKA 展现了公司文化独特的一面,作为一个组织,它容许促进思考和执行的多样性。当然,公司领导作为主要的奇思妙想提供者有助于形成这种公司文化。但 Kamen 同时认为他也需要一系列的执行专家来帮助开发他的新产品。Field 也意识到两种不同的文化的存在,一种是"专注于构思"的,一种是"专注于实现"的,而且非常有必要将这两种截然不同的文化融合起来共同开发新产品。"善于构思的人是不会了解将产品商业化这种工作的。"同样,"善于执行的人也难以理解那些构思设计的人成天都在干些什么。如果能将他们联合在一起工作,你就能改变这个世界。"[16]

创造意义和创造有内涵的产品

我们身边的事物都蕴含着什么含义?他们代表了什么样的标识?心理学家 Mihaly Csikszentmihalyi 和 Eugene Rochberg-Halton 认为应该将事物人格化而不是将人格事物化:"某一具体的事物能够体现目标、展现性能、塑造使用者的特性。所以用户在很大程度上都是其使用的物体的反应,因此事物可以塑造、利用它们的制造者和使用者。"[17]他们认为"事物"是任意单位的信息,这些信息可以被人的意识识别感知,进而形成所谓的"符号"。这样一来,某一标识就是一种符号,代表了特定的物体、性质、有形的事物或无形的观念。

有人认为意义是一种包含了符号或标识的沟通过程。然而,相对于包含了情感或观念的符号来讲,实物本身拥有真实的结构,更加具体真实。比如古人制作的工艺品,即使没有记载当时人们的所说所想,但仍能通过实物描绘出那时的文化理念。当一样东西对一些人来说具有某种含义时,人们便以某种习惯的方式有意无意地将它与过去的某段经历相联系。进一步从这一角度思考,事物是人类精心制作的,人造事物总是依赖于人的意识而存在。这也就是设计创造及塑造出的部分语言。

人类使用、拥有的事物同样也能反映出所有者的特性来。比如,衣服、汽车、家具、艺术品还有书籍,都是某个人特性的反映。另外,我们所指的事物是指符号以及部分构成人类意识的过程。[18] 上文提到的 Csikszentmihalyi、Rochberg-Halton 和使用者、设计师、科学家 Rory Cooper 对于轮椅的认识都是他们自我的一种延伸和自我表达的一种方式。从心理学角度讲,轮椅就好比是人的衣服、鞋子或手套,这种事物的造型是设计的重要表现形式。

来自 Design Continuum 公司的 Dan Buchner 指出,成功的设计必须在既能抓住用户的心理又能为生产商带来回报这两者之间达到某种平衡。设计师通过设计向用户传达讯息,他们有意无意地通过改变形态、造型、材料、结构和其他设计元素来向消费者传达一种讯息。[19] Dan Buchner 引用了字典中对"意义"的解释——某种事物传达或蕴含着的某种道理或意思。然而,他认为将意义赋予某项设计的主体不是设计师而是消费者,一项设计 80% 的意义来自于观察者的理解,而并非该设计本身。这也就是为什么设计师必须要去了解存在消费者眼中的那 80% 的意义之原因所在,当然消费者的热情也应在关注之列。

Jenny Lundblad

世界上轮椅赛跑最优秀的女田径运动员(参加 400m、800m 以及马拉松项目)Jenny Lundblad(如图 7-5 所示)2003 年 10 月接受一位当代作家访谈时表达了她对于运动、"流动"、生活品质以及设计的感想。

她解释道:"运动给予我重新生活的乐趣,和以前相比,我在很多方面都比以前强壮了,而且运动让我的日常生活更加独立自主。"

图 7-5 比赛中的 Jenny Lundblad

Jenny 如何看待设计呢？她说："轮子就是我的腿,因此设计对我来说尤其重要。"

为了说明消费者所理解的产品意义,Dan Buchner 举了一个例子。放养的母鸡与笼子里养的母鸡生出来的鸡蛋是不尽相同的。虽然有些方面两者是一样的,但是消费者还是会认为放养母鸡生的鸡蛋更健康。在丹麦,即使不断上升的劳动力成本与放养空间限制已经使放养母鸡的鸡蛋成本上升了 20%,但是这种鸡蛋仍旧占据了市场 50% 以上。

Victor Papanek 是另外一位负有盛名的设计师。他的书 *Design for the Real World* 是该领域最畅销的书之一。Papanek 最基本的观点是,"设计是人类有意识和主观地赋予物品某种意义的活动"[20]。也就是说,有意识的思考、研究和分析都体现在设计的过程中。Papanek 同时认为设计是需要某种感觉的,并非简单地用市场需求或明确的问题解决方案就能加以阐述,而是一种隐性知识和潜意识。这种直觉部分关注于社会、道德、环境等对新产品设计的影响,而这些提高了人类日常生活的质量,为社会带来了巨大的好处和意义。

符号、标识以及实物等都被认为是表达人们社会地位、社会归属、社会保障的一种方式。另一方面,人们的特性、技能及专长可以通过事物之间的差异得到强调。Cooper 举了一个非常恰当的例子:"轮椅有史以来都是为有身体缺陷的人设计的,而不是为完整无缺的人设计的。"[21]

但是,如果一件物品能够延伸人类的身体和思想,那人类又是什么呢?从心理学的角度看,人是一种有自我意识和自我控制能力的生物。当一个人意识到自己之所以是自己,即把自己看作是自己的物品时,自我意识和自我感知便由此产生了。但是人的自我意识是基于语言或想法组成的符号来推断和调整的，会不断地进行改变和发展。[22]事物通过限制或延伸人们的活动范围和思维范围从而来影响一个人的言行。因为一个人能够做的事情往往反映了他或她是什么样的人，所以事物是其自身发展过程中的决定性因素。综上所述，对于设计师来讲，理解人与物之间的关系是至关重要的。[23]

Verganti 说，产品所蕴含的意义将我们的社会生活与产品标识联系在了一起。意义不仅强调产品的基本功能和美学，还承载了情感价值和象征价值，为用户带来了一种信息（产品信息）和意义（与 Csikszentmihalyi 和 Rochberg-Halton 的观点相近）。Verganti 认为："除了产品款式，能够影响用户的因素有哪些？除了产品功能，那就是它的情感价值和象征价值了，也就是它的意义。"[24]

同样，Gotzsh 也利用产品信息和意义来讨论"富有内涵的产品"和"产品的魅力"。[25]Durgee 和 Veryzer 认为销售的目标应该是将有形的产品赋予特性或灵魂使其更具活力。[26]他们受 Thomas Moore 的启发，用了"产品灵魂"这个词语。他们认为意义就像是那些存在于人类体内的、家门前的那棵大树或在树下停着的汽车里的灵魂一样。不管是先天的还是后天的，这些"灵魂"都能够对每件事物产生影响。[27]

丹麦的设计师 Per Mollerup 认为设计如同人类的需求，是有层次结构的。他认为设计分三个层次。根据 Mollerup 的观点，一旦人们最低层次的求生需求得到了基本满足，那么更高层次的需求便会产生。同样，如果一项基本需求被超乎想象地通过更完美的方式加以满足，那生活将会变得更加简便。逐渐地，随着最迫切的需求得到满足和危险的减少，生活会变得更加舒适，进而人们开始追求情感上的需求。于是人们的需求便迈进了情感的世界，生活也变得更加有趣。[28]

马斯洛的需求层次理论与此非常相似。其实可以将人类需求层次的不同阶段与产品设计任务结合起来。一样实用型产品在满足基本需求之外，还可以促进安全感和舒适感。当这些产品能对用户和产品都产生积极作用时，它便满足了人们对喜爱和归属感的需求。接下来通过对用户社会地位进行了解，产品还能够满足对社会地位和自我尊重的需求。最后，产品通过强调意义和生活质量还能满足自我实现的需求，这在设计驱动的轮椅创新中体现无疑。基于马斯洛的观点，我们可以将"意义"和"有内涵"这两个虚拟的词汇转变到有意义的产品和有意义的工作这些实物中。

Krippendorff 也讨论了产品所蕴含的意义并将其与产品语义学联系起来:"意义是一种认知架构的关系。它有选择地将事物的某些特性与其所处的环境特性(现实环境或虚构环境)联系起来。"换言之,事物必须放在特定的环境进行看待,包含有其他事物、情境、用户以及观察者自身。

如果想要定义什么是有意义的产品,我们就必须首先解释什么是自我实现。借用马斯洛的比喻,它就像是波涛汹涌的大海,忽高忽低。为了达到最高点,他(她)就必须抓住机会充分调动起自己和周围的资源。当然,在每个需求层次上,不同人的需求的程度也有所不同,但是根据马斯洛理论,只有所有的需求都得到满足之后才能达到巅峰状态。所以我们的设计和生产出来的产品必须要满足人们的需求。正如 Mollerup 所说,铁锤、杯子还有轮椅都是帮助满足需求和达到目标的工具,是我们的延伸。时至今日,现代信息与沟通技术,如电脑、手机、CD 播放机,都是扮演着延伸的角色,帮助我们随时随地传达情感的工具。

人类的需求并非一成不变。这些需求不仅是动态的,人们还往往期望寻求那种在更大的时空情境中满足需求的路径。Drucker 从创新的角度指出,创新与开发往往始于对机会的有意识的搜索。[29] 创新来源于许多不同的机会,有些机会还会随着人类的感知而变。他还举了一个装着半杯水的水杯的例子。对于这样的一个杯子,有些人认为一半是满的,有些人则认为一半是空的。Drucker 通过这个例子说明从不同的角度会对一些机会有着不同的认识。从半空到半满的观念转变就有可能带来巨大的创新机会。虽然这种转变并不能改变现实,但能改变他们对"意义"的不同理解。比如,Drucker 指出,美国人的身体健康水平已经达到了世上最佳水平,但是人们仍旧不满意。在现代可获得的社会环境中,人们对健康的需求会随着各种新出现的医药技术突破的机会而增加。

利用设计提高可能性

现代社会的挑战之一便是要竭尽所能挖掘人类的潜能以提高生活质量。大量的老年人,尤其是在发达国家,即使年纪越来越大了,也同样希望能够享有健康积极的生活。他们越来越寄希望于新的技术。在第 4 章中提到,MIT 的老年实验室正在从综合设计的角度来努力解决这些问题。

对于行动不便的人来讲,轮椅不仅仅是一种物理器材,而且还是蕴含着一些信息。它不仅包含了基本的功能和美学含义，对于使用者和观察者来讲，它还承载了一种情感和象征的价值，具有一系列象征意义。对于使用者来说，轮椅的设计者无疑是为他们创造了另外一种"语言"。

在发展这种语言和激发设计的过程中，领先用户起到了引导的作用，在很多情况下他们还亲自动手设计。所以，设计的确是在驱动创新。

未来将会怎样？设计驱动创新的程度是否会加强？设计师如何进行创新？这些问题会在本书的最后一章进行解答。

尾注

1. R. A. Cooper，2001，p. v.

2. R. A. Cooper，1998.

3. Cooper 1998，p. 2.

4. U. Sonn and G. Grimby，1994，p. 10.

5. Cooper，1998，pp. 1 and 10－11.

6. Cooper，1998. 还可参见 von Hippel，2002，p. 27，引用自 Franke and Shah，2002。社群如何支持创新活动：探索终端用户之间的协助和分享。MIT 斯隆学院，工作论文。在《民主化创新》（2005）中，von Hippel 进一步发展了他关于以用户为中心的创新和不同领域（例如，体育、手术设备和软件）创新过程中的领先用户群的想法和发现。

7. R. A. Cooper，R. Cooper，and M. L. Boninger，*Sports'n Spokes Magazine*，March 2002（www. sportsnspokes. com）（an article about a lightweight survey of 20 years' development）.

8. E. I. Schwartz，2002. Also www. dekareserach. com（2003）and www. independencenow. com/Ibot2003）.

9. R. A. Cooper *et al*.，2003.

10. J. Douglas Field，presentation to students at Rensselaer Polytechnic Institute，Troy，NY，2001.

11. 同上。

12. D. Kamen，statement on ABC News' Nightline，May 1999.

13. T. Wilbur，statement on ABC News' Nightline，May 1999.

14. J. Hockenberry，statement on ABC News' Nightline，May 1999.

15. T. Conran，1996.

16. J. Douglas Field，*op cit*.

17. M. Csikszentmihalyi and E. Rochberg-Halton，1981. p. 1.

18. Csikszentmihalyi and Rochberg-Halton，1981.

19. D. Buchner，2003.

20. V. Papanek，1985，p. 4. （Reprinted 2004）.

21. Cooper，1998，p. 1.

22. Cooper，1998，p. 2－3.

23. Cooper，1998，pp. 10－11 and 53.

24. R. Verganti 2003.

25. J. Gotzsch，2000；Gotzsch，2002.

26. J. Durgee and R. W. Veryzer，1999，p. 6.

27. T. Moore，1992，p. 268.

28. P. Mollerup，1986，p. 20.

29. P. F. Drucker，1985，p. 6.

第 8 章

视觉和可视化

为什么现在设计驱动的创新成为日益关注的要点和驱动力？它能为我们带来什么？未来会有什么在等待着我们？设计驱动的创新是不是只是一种潮流？"愉悦顾客、强调简洁和精致、创造意义是成功的关键"——我们的这种观点是否值得借鉴？

为什么要设计？

并不是所有看起来风靡一时的东西都只是昙花一现，它们常常会成为管理领域中的核心要素。对于工业设计为什么变得如此流行的原因，业界也有许多意见。其中一个就是由于复杂性的上升。举一个有些极端但却具有解释力的例子，生命起源于六种要素（糖、蛋白质、脂肪、维生素、矿物质、甲壳素）。在这些要素的发展和组合过程中，又存在着催化作用、自我催化作用、竞争和选择的作用，进而导致了更复杂的结构出现。[1] 同样，新技术在一个不断提升的前进过程中又成为缔造更新的技术诞生的助力。

一个典型的例子就是在最新的汽车产品中运用的某些几何形状，就是只有借助最新版本的 CAD 软件才能实现的。复杂性的上升还源自重组的过程：微机械系统受益于半导体电子学的进步；光纤代替了汽车里的电线；等等。作为知识中介和企业边界中介的工业设计师可能也是造成这种复杂性的缘由之一。

复杂性与成本相关，这是一个被普遍接受的公理。美国的作曲家 Harry Partch 作曲时将一个八度音阶划分为 42 个音符，而这样的乐曲需要新颖的乐器以及具有深厚音乐功底并经过再培训的演奏者才能演绎。[2] 我们可以将这个例子与日常生活相联系。很多产品都以文本的形式或者在访问其功能界面的时候,提供字典一般的用户手册。

对于终端用户来说,复杂性并不一定是优点。终端用户并不会因为产品、系统或者服务内部的复杂性而兴高采烈。进一步地,简化和归纳提炼这些复杂性要领的工作落在了设计师身上,他们需要将复杂性变得可见——正如 iPod 的研发。

由于技术的"隐匿化"(例如纳米技术),设计变得更加重要。这同样与复杂性的上升有关。纳米技术被应用在机械、生物或者电子等领域,它意味着更加细微的东西或者粒子——而这些东西小到只有用显微镜(或者是更精密的能够聚焦于极其小的扫描探针显微镜)才能看见,这无疑增加了复杂性。当然,技术的"隐匿化"还有着其他的原因。用户现在越来越关注软件、服务以及体验,他们可能会忽略或者不重视藏匿在硬件形式背后的技术。进一步的,终端用户几乎不关注产品内部或者技术,但关注功能、可靠性、便利性、安全性等。于是,设计师也越来越被要求将真实的产品重新设计,使其虚拟化。

Mensch 宣称,当技术成熟的时候,产品覆盖率、样式设计或包装等特性成为其差异化的要素。[3] 这也适用于一般的日用品。(品牌 Chiquita 提供了一个商品设计和真实品牌推广的例子——香蕉。)一般杂货店平均存储将近 5 万种不同的产品,在未来 20 年内,将增加三倍。而聚焦到更专业化的商店,如电子消费品商店,就展现了产品增值的过程:在这里有超过 600 万个不同系统配置的计算机供用户选择;TNS Media Intelligence 在其数据库中有 200 万个品牌,同时每天还新增 700 个。根据 Mintel 国际集团的全球新产品数据库的发现,仅 2003 年,有 26893 种新食品以及家居产品被推向市场,包括 115 种除臭剂、187 种早餐谷物以及 303 种女士香水。同时他们还发现产品进入市场越来越快:个人电脑用了 7 年实现 100 万用户,而之后第一代 Sony Playstation 推出只用了 10 个月便达到这一目标。他们之后的竞争者更是只用了两天就成功了。

最近在研究者中兴起了关于定制化这一主题的研究热潮,这也反映了当前发展的一个趋势——定制。今天的技术已经与泰勒所说的"只有一个最好的解决方法"或者福特关于福特 T 型车对外宣称的"只有黑色车身"相去甚远。今天,技术能够允许人们根据具体的需求定制,除了组织这一过程所需的时间,几乎不用花费额外成本。十多年前,松下公司以实惠的价格为其日本客户提供了可供选择的大约 1100 万种不同的自行车,并在两天内就能完成生产交货,但为了维护独家单独组装的企业形象,交货期才稍作延长。作为定制化的最后步骤,经营特定产品或服务的企业会邀请顾客来设计属于他们自己独有的产品。

视觉与语言

设计必须能引起情感反馈并能讲故事。为什么？在现在的市场上,有那么多新的产品出现,然后退出市场,但它们大都围绕一个主题,顶多在这个主题上稍作修改。对于产品或者其产品族,要想脱颖而出,就需要拥有强烈的、连贯的且众所周知的产品认同感。这种认同感不仅仅是针对产品或者服务的,同时也是为了顾客或者是用户的。产品类型及其特性将讲述关于其拥有者、使用者特点的故事。从这方面考虑,马自达 Miata 和哈雷戴维森俱乐部的出现也就有其必然的原因。

设计一词既是动词也是名词。作为名词,设计是用户所感知到的;而作为动词,设计代表的是设计师创作能为用户所感知的事物的过程。名词表征的是一个视觉上的形象;而从更广的层面来说,动词依赖于可视化和建模。可视化应当采取更广泛的定义,而不仅仅是创造我们所能看见的东西;声音和触觉也是设计特性的一部分。在这个意义上,大部分设计是关于合成和整合的。

左右脑的二元性一直以来都被认为是涵盖了比语言功能和空间推理更广泛的内容。研究者对于这一过程进行了新旧区分:"大脑右半球是追求新奇、冒险的,是热衷未知的探索者。"[4] 大脑成像研究显示,当我们在获取一项新的认知技能的早期阶段,掌管视觉思维的右半球十分活跃。

心理学家 Jonathan W. Schooler 发现了与本书研究相关的另一个现象,即"语言屏蔽效应"。这一效应意味着只要我们在视觉上记住了某些东西——例如一张脸——我们就可以毫不费力地从人群或者照片中找到它。但是假如我们被要求用语言来描述这张脸,思维从大脑右半球转向左半球,于是视觉上的记忆就被替代了。对许多东西来说——尤其是脸——较之语言描述,我们更擅长视觉辨认。对于那些需要瞬间发现的顿悟问题(insight problem)来说,Schooler 证明被要求详细描述思维过程的人往往比其他人少解决 30% 这类问题。[5] 然而,对于逻辑问题来说,问题的解决并不会受到影响。

Gedenryd 表明,硬性区分问题解决者和问题存在的世界是完全人为的,并且容易适得其反(他接着做出同样的断言,认为边界通常存在于认识到的个人与他或她周围的世界之间)。与问题存在的世界进行互动是必需的,而不是要将问题设置具体化。[6] 同 Gedenryd 一样,Schön 以建筑师和设计师作为主要例子来反驳 Simon 的观点。Simon 认为,对于解决一般问题,甚至是混乱的或者难以定性的问题,创建出启发性的方法是可行的。[7] Schön 展示了设计师如何进行任务的重新制定,以及他们如何被经验以及隐性知识所影响的过程。[8]

数字与故事

当企业内部或企业之间签订合同和订单时,一般都用数字以及书面文字来描述相关内容。尽管这很有用,但是要进行及时观察和数据收集时,它们就有着一些隐患。除了"语言屏蔽效应",它们可能会使我们限制自身的感知力,尤其是在某种程度上,数字和文字只代表定量的数据以及能看到的事实,它们只是动态过程的静态定格。所以,还需要一种交互式的方法。Petroski 从技术的历史沿革中发现,数字和书面文字渐渐取代了绘图,但在实践中很难通过数字和书面文字对整体系统进行概括,因此也就无法形成整体感,导致了一些负面的结果。[9] 他在一个例子中提到,塔科马海峡大桥的灾难在他看来是"因为新一代的工程师们相信利用挠度理论计算出来的压力和张力,比 Telford 和 Roebling 这样的 19 世纪的工程师的要准确得多,而后者的工作被公认为是通过美学角度而不是结构模型来考虑大桥设计的。"[10] Swift 描述了一个模型的发展,允许客户基于人的因素分析选择的扫描仪手柄功能,包括舒适性、感知和效率。[11]

通过草图进行沟通

设计师大都擅长绘制草图(见附录 B)。通过一遍又一遍的草图或者在会议室的墙上进行简单的素描绘制,他们头脑风暴出来的灵感可能比口头描述更易成为最终产品。事实上,草图是一种训练,它本身的功能是作为激发创意的一个过程。同时,由于草图也扮演着有效的交流工具的角色(同样也要避免"语言屏蔽效应"),它也能帮助设计师了解终端用户的需求以激发其灵感与创造力。快速绘制的草图可能给潜在的终端用户对于之后的问题解决方案有一个具体的印象。这一点,仅仅文字是无法实现的。供选方案也很容易被呈现。

一些设计师完全依靠计算机辅助设计软件,但是更多的仍然偏爱在设计的最早阶段手工绘制草图。瑞典设计大师 Hans Erich 说道:"电脑效果是没有质感的。"正如 Schenk 所说:"你的手是大脑的一部分。这就像你的大脑在作图。"[12] 手绘草图使得设计师能够迅速获得灵感。它更聚焦于要素,而不是其他琐碎的东西。一份手绘草图并不准确,但是它未成形的天然状态更像对设计师创造力的一种启发,激发起他们新的创意以及洞察力。这便是 Lorenz 强调的速度与能力。"许多工程师发现绘制草图很困难",他写道,但这恰恰能充分提高他们"缩短产品开发周期的能力,只需通过少量速成的草图就可以完成那些工程制图员即使利用 CAD 辅助工具也要数个星期才能完成的工作"。[13]

生产出或多或少的原始模型、实物模型或者用快速的原型制造机器出产产品最初的原型,被认为是更通用的"草图"(这显然是可视化的一种形式)。基于计算机的辅助方法能够提供三维透视、旋转或移动的"草图",这一切都可以在屏幕上逼真地展示出来,将产品在虚拟世界中装配或者分解。因此,终端用户能够对仍停留在概念阶段的产品以非常逼真的形式展现出来惊讶不已,他们不仅可以亲眼看到,还可以及时给予反馈意见。当这些基于电脑的草图和实物模型被展现在宣传手册或是展览会上时,能够吸引超乎想象的产品订单量,即使这些产品还只是停留在概念阶段。这样的例子不胜枚举。还有一些例子是,有些并不存在产品,只是通过草图展示的设计,成功地吸引了风险投资的关注。

也有人将这些关于潜在的未来产品或用户情况的草图看作是能够创造更完整的用户环境的脚本。这些动态的表现体现着产品的完整性,并展示了产品或者服务是如何与其他设备或者服务联合运作的。利用草图,这些脚本就是用来沟通的工具,这些脚本充分考虑到终端用户需要对仅在想象中的产品进行激烈的讨论和反馈(当然,方案构成一种编译草图)。"绘画是将所有要素联系在一起的关键。"[14]

在之前提到的扫描仪设计中,设计团队创作了上百张草图并通过头脑风暴,最终制作出了超过 150 个泡沫塑料模型,"这显示了他们在形式和特点上广泛的探索"。[15] 在新车研发的早期阶段也需要很多可供选择的草图,一般要 15 到 20 张，以寻求和探索不同的脚本以及不同的设计语言或是其他产品语言的表达。无论是手绘、计算机绘制还是用塑料泡沫制作出模型，草图都将关注用户环境，并且与细分顾客有关。实现这一目标的一种方法就是想象"合成的客户特性"，或者想象那些依据亲身经历描述的或者就是真实的客户。如此一来，这些拟人化的用户脚本，比设计中的情境有用得多。

无论什么形式的草图，如果能帮助终端用户了解产品功能，那么它也具备一定的设计语言。较之华丽的辞藻，这样的草图能够体现更多的产品"灵魂"，诸如情感、信息以及意义，而这些都是隐含着的，无法完全被文字、公式或者数字描述出来的。

草图能够帮助人们传递和接收那些内隐的信息，这点非常重要，缺少了它，用户可能无法表达出自己的需求或是了解他真正的喜好。因为采用的是文字互动，市场研究或调查大多数情况下会存在许多关于内隐信息的问题。相反的，焦点小组访谈可以对那些模糊的信息利用面对面的现场观察进行敏锐的捕获。此外，捕捉短暂的微妙心理变化也能对内隐信息的发掘起到一定的提示作用。因此，草图是内隐信息与口头表述出来的信息之间的交互界面。

草图诱发的结果

草图也诱发一些意料之外的结果，这其中有很多原因。建筑师/设计师 Olle Andersson 就发现了其中一个隐晦的原因："我们经常在绘制草图时感到手和大脑不能完全协调，或者说，手臂和手不能完全听从大脑的指令。通常的结果就是，在草图纸上留下的是并不符合我们初衷的线条或是图画，比如线条不直，或者曲线跟预想的并不一样。绘画工具本身的问题很有可能导致这一问题，但不管怎样，这些意料之外的绘制成果可以给我们带来一些新的信息。在创作过程中，这一现象经常出现。这也成了创造过程中不可或缺的重要部分。"[16]

Anderson 同时也强调了草图能够集中于关键特征的重要事实："草图能够用简单突出的方式描绘出真实或是想象的事物。只有那些在特殊的时刻很有必要的东西才会画在这些简单的图画中。"[17] Mckim 对草图可以很低廉地被迅速创作出来这个事实进行了补充说明："重视视觉的思考者往往画得很快。草图非常有利于想法的快速执行与修改,并集中关注设计的主要特性而非细节部分——绘画构思是在视觉上跟自己对话。因此在寻找解决方法的过程里,即使失败了许多次,你也会觉得不受约束(原著中特别强调)。"[18]

利用草图、实体模型、原型或者人工绘图的不完备性是设计过程的一大要点。Schrage 认为:"粗糙的原型设计的优势在于其鼓励充分运用创意、可能性和潜力。粗糙反而能鼓励提出更多的问题并对其进行改善。"[19] 过于详细的规定往往会阻碍创造性的产生。[20] 原型往往也有助于克服一个基本的知觉障碍:"有太多的组织认为,管理意味着可预见性。"在这一过程中还伴随着规划。[21]

正如我们之前注意到的,在一个新的架构、情境或思维方式中及时发现问题很重要。艺术家和艺术评论家常用一句谚语,"绘画最重要的是,刺激人们去看、去欣赏"。因此,Mckim 总结道,在设计工作中,"要拒绝模式化地看问题,不要轻易地给他人和产品设计设定界限,而要真正地去观察。"[22]

草图不仅仅是用来观看的,IDEO 的 Tom Kelley 说,"原型并不解决简单的问题。无论称之为机缘巧合还是幸运,一旦开始绘画或者创作,你就打开了发现之门,你可以发现绘画和模型的新的可能性。绘出创意,创作产品,都有可能来源于偶然的发现。"[23]

有关在设计中形式是否要遵照功能来设计(发展到今天也许是功能是否应遵循形式来设计)的讨论由来已久,而在现在这个时代,我们需要回归到传统的设计理念,那就是"款式"的重要性。汽车、电子消费品、计算机和电话,越来越多地提醒着我们交互设计的重要性。此外,设计一词解释起来,包括的不仅仅是功能或者易用性,还有情绪和意义。我们已经提及过产品的"灵魂",而设计师也尝试将"灵魂"和故事赋予到产品上,并尝试将服务转化成为"体验"。当一个产品被认为是没有灵魂或是一项服务被认为是不良体验时,它们面临的将是可预见的市场失败。

通过某种产品应该能够解读其拥有者的一些特性或者故事,汽车是最好的例子。不仅如此,影响产品开发结果的最好的机会就是在开发的最初阶段。有鉴于此,通过早期的草图形式描述出可能的最终结果对产品设计会有积极的影响。而计算机辅助技术的出现大大减少了对需要繁琐制作过程的黏土或其他物理模型等的依赖,更不用说时间和开发成本的降低程度了。

在形式和功能永恒的对话中,整体造型中所隐含的设计语言将会推进细节层面的创新特征。而在设计产品功能时,如果产品本身包含有一定的情感和意义,那么设计师必须要注意强调而且不能违背这些情感和意义。但是这两者是很难兼备的。比如某种期待的功能可能被设计成不同的方式,或者以符合整个产品族和产品信息的设计语言来设计。再次以轿车为例。一些特定的设计特征、信息以及意义都体现在某个品牌的所有汽车中,这种情况也在许多其他产品中存在。进一步地,轿车的这一例子也说明了对整个产品族或是产品组合造型设计的重要性。

可视化

设计重点可能会超越草图向更多的方向发展,包括原型设计、模型制作等其他可能性。Miller 在观察可视化在许多领域的应用的基础上,进行了一项从艺术到科学的可视化的跨学科研究。他认为:"总的来说,视觉感知的本质仍然未被完全理解,我们所知的就是视觉感知是一个大规模的并行过程。"在回顾了科学和艺术上许多意象和创造力的例子后,他总结道,视觉意象在科学的创造力中扮演着成因的角色。[24]

我们介绍一个来自产业的具体例子——英国石油(BP)在其十几个分部都建立了 3D 可视化技术中心。这些中心通过关于极具创造性的、整合性的替代方案之间的讨论,以及依靠"虚拟现实"的模拟活动不断将参与者的内隐信息显性化,取得了骄人的业绩。而哈佛—麻省理工学院健康科技部(Harvard-MIT Division of Health Sciences and Technology,HST)的马蒂诺生物医学造影中心(Martinos Center for Biomedical Imaging)将身体的结构和功能以及两者的变化通过可视化技术展现出来,为医学诊断开辟了新的领域。这一方法在深入拓展医学诊断、治疗的广度和深度方面有着巨大的潜力。

许多活动都要求实现可视化,而这取决于参与者、研究问题以及一些其他因素。其中一个因素就是某种能够让人信服或者能进行强有力沟通的力量。Kelly 说:"这股力量能够轻易拒绝一份枯燥的报告或单调的绘画,但是模型经常带来惊喜,能够更容易地改变人们的想法并接纳新的创意,或者能够更容易做出艰难的选择,比如之前的高成本和复杂的特征。但是原型几乎就像发言人的特别声明,明确了团体的反馈并使整件事继续发展。一个好的原型值得绘制 1000 张图片来制作的。"[25]

"原型"是一个与物质世界相联系的词汇。对于更抽象的过程和相互关系来说，我们可能会依靠抽象模型来进行仿真模拟。以壳牌石油（Shell Oil）公司为例。最初做这项工作的时候人们非常犹豫："刚刚得知要讨论模型时，一位经理明确指出，'我们不需要在会议室摆弄这些模型'。随后 Schwartz 独自开始研究这些模型，逐渐地，整个管理团队开始大声讨论模型的有关事宜。一个小时后，'他们都被吸引住而无法离开了'。"[26]

原型虽然并不如草图制作那样快速，但在设计开发阶段，由于是经过与终端用户不断磨合的，原型仍然具有相当的价值。Schrage 写道："开发者下一步就进入到快速的原型开发过程，他们的目标是在两周内向客户快速呈现出一个有些粗糙的原型。为什么呢？因为对客户来说，通过在尝试调整的过程中表达自己所想要的原型比只是罗列出自己的要求要容易得多。这正如人们从菜单上点的并不是食材而是大餐一样。"[27]

Schrage 还提供了使用不同方法设计产品得到的数据，尽管不同方法有着不同的特质，但是在这些方法中原型产品都达到了很好的效果：

> Boehm 指定了七个软件开发团队来生产基于同种成本估计模型的产品。三队采用了原型方法，而另四个队使用了规格设计（spec-driven）的方法。所有的队伍生产出大致相同的产品，这些产品都有着基本上可比的性能。但是，原型制作师们的小组少用了 40％ 的代码，且少消耗了 45％ 的精力。在评价过程中，原型产品在处理错误输入的功能及能力方面表现得弱一些，但在学习和使用的容易度上高于另一组。这意味着，客户将更喜欢用原型法来设计产品。同时，原型软件在可维护性上也得到了较高的评价。因此，结论是明确的：原型法能够花费较少的努力而生产出相同的、更为精炼的产品，其用户交互界面也被认为是非常出色的。很明显这两种不同的设计敏感带来了不同的设计结果。[28]

我们可以在技术发展，尤其是发明的历史上找到有关整体设计的例子："爱迪生的发明采用了新的方式来组织旧的创意、材料或者物体"，Hargadon 和 Sutton 解释道，"留声机便综合了之前的电报、电话以及电机等发明上的多项元素"[29]。

实物与类比

与物理模型进行互动的结果就是为物品创造出一份记忆，并使其成为实体。例如 IDEO 公司通过 Tech Box 实现成形："没有体现在有形实体中的创意灵感很难被保存。而一旦设计师在工作时不经常观察那些素材，与其进行互动或者使用，那么留在 Tech Box 中的记忆也会迅速消失。每一个 Tech Box 现在都由一个管理者负责，且每一部分都记录在 IDEO 的内部局域网上。"[30]

Schrage 总结了"与原型互动"的优势："快速且持续不断地将新想法转化为粗糙的实体模型和工作模式，将颠覆传统的对于原始创新周期的看法：传统的看法认为是通过创新过程来开发产品原型的，而实际上产品原型可以驱动创新过程。"[31] 我们回想起 Schön 视角由内到外的反思性实践。

原型还可以帮助和促进开发过程中人与人的沟通。根据 Schrage 的观点，原型能够使想法具体化，创造出了一种语言，也帮助人们直面并进一步解决那些仅在大脑思维中无法可视化的问题。原型能够使整个队伍团结，提供物质激励，刺激开拓新的思考视角，并建立一个共同分享的空间以供交流。"原型体现了思想，激发了对话的火花，是信息管理和人类互动的'带宽助推器'和语境创造者。它们本来就是社交媒介与机制。通常，它们成了通用的语言，使组织各部门间的沟通顺畅地进行。"[32]

类比是一项用来产生新的点子并解决问题的工具。当工业设计师被看作是边界中介时，类比将扮演一个另外的角色："类比使得知识中介（即设计师）将知识从一个情境转移到另一个情境。通过这一过程，类比的思维方式将创造新的知识。"[33]

隐喻手法是填补语言和知识情境之间差距的潜在工具；我们可以合理地认为隐喻可以如同草图工具一样使用，能够将多样的元素集合起来。Holland 认为："隐喻包含被相互联系的本体和喻体。隐喻可以将蕴含在本体和喻体之间的意义进行重组，使其相关联程度被放大，进而被感知。"他进一步引用 Black 的话："隐喻选择、强调、抑制、组织本体的特征，来对喻体进行描述。"[34] 那么工业设计师在他们的工作中应用隐喻的程度如何？凭直觉地？有意识地？或者是系统地？

许多工业设计师都是从用钢笔和铅笔绘制草图开始，之后会转向黏土模型或泡沫塑料模型的制作。随着计算机辅助设计（CAD）、计算机辅助制造（CAM）或者 3D 原型制造技术的出现，我们也发掘了能促进新设计产生的新技术——比如"传真机"产品。然而，CAD 将主要的兴趣与关注点聚焦于小细节而不是大原则，它的逐步完善也掩盖了另一面，那就是什么将取代催生创新的笔制绘图？

毋庸置疑，我们将会看到计算机工具的不断发展，将会吸收那些有启发的草图以及不完善的创意，以激发出新的想法。我们可能会通过触式输入装置使我们获得与机械装置生产的产品相同的感觉。我们可能还会看到计算机工具可以减少"语言屏蔽效应"的产生。

计算机以种种方式增强了人们的设计能力。Haroid Cohen 是运用计算机从事艺术设计的先锋。[35] 在行经一个古老的、被废弃的土著人村庄的旅途中，当他面对雕刻在岩石上的艺术形式（"原始的"）时，他十分震惊，因为眼前的雕刻艺术与其采用计算机制作的成果十分相似。事实上，有很多任务计算机永远无法完成。但计算机的存在允许我们进行更多的实验、测试，进而获得对美观和精致更深入的理解。（Douglas Hofstadter 在设计打字机字体的过程中就是这样的[36]）或者通过计算机我们可以发现自身理解的局限性。

深度简洁？

众所周知，技术能够提升产品的功能性和质量。产品、系统和服务的发展使得我们的生活更加惬意，它们提供用户体验、讲述产品故事、展示某种认同和可靠性。开放的标准使得产品之间的互动、兼容性和整合成为可能，同时，模块化提供了另一种开放方式，那就是能够改变模块组合或设计界面，允许模块在多个平台内部以及平台间转换。

当产品逐渐演化为服务，服务演化成自我展现与个人发展的载体时，真实和虚拟世界之间的界限也就变得虚幻了。设计使终端用户能够更贴近产品背后的基本观念，就像与密友和家人一样亲密，彼此之间凭直觉、坦诚地进行交流互动。

多维整合得到了十分重要的推动力。这一动力来自工业设计师的知识中介角色与边界中介角色，这有助于他们在地理上形成集聚，使他们与同事能够共同工作，展示出互补的能力。他们在可视化能力的支持下，对整合的贡献以及在实体和整体上的创造性，得以进一步增进。如果设计将唤起积极的情感、讲述有趣的故事以及传递富有意义的认同感，那么设计就能为我们提供许多"美好"的事物。

"技术"这个概念源于希腊词语 techne。最初，这个词代表功能和形式——有着优良功能的东西也是形式精美的；而工艺在代表艺术的同时也必须展现其功能。而后来这两个含义被区分开来："创造性与工艺的对立贯穿于创意艺术的整个现代历史。"[37]

Arnold Schoenberg 的十二音阶作曲法为作曲家提供了严格的范式，尽管几乎没有人能忍受聆听用这样复杂的方法作的曲调。我们是否应该结束这种周而复始的循环，返璞归真，将"美"作为产品和服务的首要原则，将技术的比重逐渐下降，将其隐匿在更深层次？

我们有理由相信，我们确实已经开始来到（或者说回到）设计驱动创新的时代，能够真正令用户愉悦满意的时代。在这个时代里，将有形的产品与无形的服务整合起来，能够增强客户的用户体验。在我们的例子中，并不是技术在驱动创新，同时也不会是那些花俏而不实用的特性成为时代的宠儿。相反的，是长期简约与高雅的品质成为发展的内在驱动力。

的确，设计驱动的创新是更高层次创造性的体现。

尾注

1. R. Kurzweil is among those who has amassed evidence of accelerating complexity. 见 R. Kurzweil，2005；还可见 http://www.accelerating.org/.

2. R. E. Caves，2000，p. 204.

3. G. Mensch，1979.

4. E. Goldberg，2005.

5. C. S. Dodson *et al.*，1993；J. S. Schooler *et al.*，1993，both referred in M. Gladwell，2005.

6. H. Gedenryd，1998.

7. H. A. Simon，1981.

8. D. Schön，1983.

9. H. Petroski，1995.

10. Petroski，1995.

11. P. W. Swift，1997.

12. P. Schenk，1991.

13. C. Lorenz，1986.

14. Schenk，1991.

15. Schenk，1991.

16. O. Andersson，1998.

17. Andersson，1998.

18. R. H. McKim，1980.

19. M. Schrage，2000，p. 83.

20. Schenk，1991.

21. Schrage，2000.

22. McKim，1980.

23. T. Kelley，2001.

24. Miller，Arthur I. *Insights of Genius*. Cambridge，Massachusetts：MIT Press，2000.

25. Kelley，2001，pp. 111－112.

26. Schrage，2000，p. 48.

27. Schrage，2000，p. 19.

28. Schrage，2000，pp. 72－74.

29. A. B. Hargadon and R. I. Sutton，2000，p. 157 ff.

30. Hargadon and Sutton，2000，p. 157 ff.

31. Schrage，2000，p. 64.

32. Schrage，2000，p. 14.

33. A. B. Hargadon，1998，p. 220.

34. J. H. Holland，1998.

35. P. McCorduck，1991.

36. D. R. Hofstadter，1985.

37. Caves，2000，p. 25.

参考文献

Abernathy, W. J. and J. M. Utterback (1978). "Patterns of Industrial Innovation", *Technology Review*, Vol. 80, No. 7, June/July, 40-47.

Abernathy, W. J. and K. B. Clark (1985). "Innovation: Mapping the Winds of Creative Destruction," *Research Policy*, Vol. 14, No. 1, January, 3-22.

Ackoff, R. (1981). *Creating the Corporate Future*. New York: John Wiley & Sons.

Akrich, M. (1995). "User Representations: Practices, Methods and Sociology," in A. Rip, T. J. Misa, and J. Schot (eds.), *Managing Technology in Society: The Approach of Constructive Technology Assessment*, pp. 167-184. London and New York: Pinter Publishers.

Allen, T. J. (1977). *Managing the Flow of Technology*. Cambridge, MA: MIT Press.

Almeida, P. and B. Kogut (1999). "Localization of Knowledge and the Mobility of Engineers in Regional Networks," *Management Science*, Vol. 45, No. 7, July, 905-917.

Alvarez, E. (2000). "Identifying and Managing Sources of Creativity for Effective Product Innovation," Master of Science in Management of Technology Thesis, Massachusetts Institute of Technology, May.

Anderson, P. and M. L. Tushman (1990). "Technological Discontinuities and Dominant Designs: A Cyclical Model of Technological Change," *Administrative Science Quarterly*, Vol. 35, No. 4, December, 604-633.

Andersson, O. (1998). "The Searching Sketch," Lecture at the APSDA Conference, Malaysia.

Bertola, P. and J. C. Texeira (2003). "Design as a Knowledge Agent.

How Design as a Knowledge Process is Embedded into Organizations to Foster Innovation," *Design Studies*, Vol. 24, No. 2, 181-194.

Bertola, P., S. Daniela, and S. Giuliano (2002). *Milano distretto del design—Un sistema di luoghi, attori e relazioni al servizio dell'innovazione*. Milano: II Sole 24 Ore.

Bhat, S. and S. K. Reddy (1998). "Symbolic and Functional Positioning of Brands," *Journal of Consumer Marketing*, Vol. 15, No. 1, 32-47.

Bijker, W. and J. Law (eds.) (1994). *Shaping Technology/Building Society: Studies in Socio-Technical Change*. Cambridge, MA: MIT Press.

Bohn, R. E. (1994). "Measuring and Managing Technical Knowledge," *Sloan Management Review*, Vol. 36, No. 1, 61-73.

Borja de Mozota, B. (2003). *Design Management*. New York: Allworth Press.

Brown, S. (1995). *Postmodern Marketing*. London: Routledge.

Buchner, D. (2003). "The Role of Meaning and Intent," *Innovation*, Vol. 22, No. 1, 16-18.

Callon, M. (1991). "Techno-Economic Networks and Irreversibility," in J. Law (ed.), *A Sociology of Monsters: Essays on Power, Technology and Domination*, pp. 132-161. London: Routledge.

Canina, L., C. A. Enz, and J. S. Harrison (2005). "Agglomeration Effects and Strategic Orientations: Evidence from the U. S. Lodging Industry," *Academy of Management Journal*, Vol. 48, No. 4, August, 565-581.

Carlile, P. R. (2002). "A Pragmatic View of Knowledge and Boundaries: Boundary Objects in New Product Development," *Organization Science*, Vol. 13, No. 4, 442-455.

Caves, R. E. (2000). *Creative Industries*. Cambridge, MA: Harvard University Press.

Chesbrough, H. W. (2003). *Open Innovation: The New Imperative for Creating and Profiting from Technology*. Boston, MA: Harvard Business School Press.

Christensen, CM. (1997). *The Innovator's Dilemma: When New Technologies Cause Great Firms to Fail*. Boston, MA: Harvard Business School

Press.

Clark, K. and T. Fujimoto (1991). *Product Development Performance*. Boston, MA: Harvard Business School Press.

Conner K. R. and C. K. Prahalad (1996). "A Resource-Based Theory of the Firm: Knowledge Versus Opportunism," *Organization Science*, Vol. 7, No. 5, 477-501.

Conran, T. (1996). *Terence Conran on Design*. New York: Overlook Press.

Coombs, R., M. Harvey, and B. S. Tether (2003). "Analysing Distributed Processes of Provision and Innovation," *Industrial and Corporate Change*, Vol. 12, No. 6, 1125-1155.

Cooper, R. A. (1998). *Wheelchair Selection and Configuration*. New York: Demos Medical Publishing.

Cooper, R. A. (2001). "Improvements in Mobility for People with Disabilities." *Medical Engineering and Physics*, Vol. 23, No. 10, December, p. v.

Cooper, R. A. and M. Press (1995). *The Design Agenda*. Chichester, UK: John Wiley & Sons.

Cooper, R. A. *et al.* (2003). "Technical Perspectives. Use of the Independence 3000 IBOT Transporter at home and in the community," *Journal of Spinal Cord Medicine*, Vol. 26, 79-85.

Cross, N. (1995). "Discovering Design Ability," in R. Buchanan and V. Margolin (eds.), *Discovering Design-Explorations in Design Studies*, pp. 105-120. Chicago: University of Chicago Press.

Csikszentmihalyi, M. (2003). *Good Business: Leadership, Flow and the Making of Meaning*. New York: Hodder & Stoughton.

Csikszentmihalyi, M. and E. Rochberg-Halton (1981). *The Meaning of Things: Domestic Symbols and the Self*. Cambridge, UK: Cambridge University Press.

Cusumano, M., Y. Mylonadis, and R. Rosenbloom (1992). "Strategic Manuevering and Mass Market Dynamics: The Triumph of VHS over Beta," *Business History Review*, Vol. 66, Spring, 51-94.

Datson, T. (2003). "Google's Simplicity Earns Brand of the Year Honors," *Reuters*, 12 February.

Davenport, T. H. and L. Prusak (1998). *Working Knowledge: How Organizations Manage What They Know*. Boston, MA: Harvard Business School Press.

De Mozota, B. B. (2004). *Design Management*. Watson-Guptill.

De Rond, M. (2003). *Strategic Alliances as Social Facts*. Cambridge, UK: Cambridge University Press.

Design Council (1992). *British Design Awards Booklet*. London: The Design Council.

Dodgson, M., D. Gann, and A. Salter (2005). *Think, Play, Do: Technology, Innovation, and Organization*. Oxford, UK: Oxford University Press.

Dodson, C. S. *et al*. (1993). "The Verbal Overshadowing Effect: Why Descriptions Impair Face Recognition," *Memory & Cognition*, Vol. 25, No. 2, 129-139.

Dosi, G. (1982). "Technological Paradigms and Technological Trajectories," *Research Policy*, Vol. 11, No. 3, 147-162.

Drucker, P. F. (1985). "The Discipline of Innovation," *Harvard Business Review*, Vol. 63, No. 3, May-June, 67-72.

Durgee, J. and R. W. Veryzer (1999). *Products That Have Soul: Design Research Implications of Thomas Moore's "Re-Enchantment of Everyday Life"*. Rensselaer Polytechnic Institute.

Ellison, G. and E. L. Glaeser (1999). "The Geographic Concentration of Industry: Does Natural Advantage Explain Agglomeration?" *The American Economic Review*, Vol. 89, No. 2, May, 311-316.

Fischer, E. (2000). "Consuming Contemporaneous Discourses: A Postmodern Analysis of Food Advertisements Targeted Toward Women," *Advances in Consumer Research*, Vol. 27, No. 1, 288-294.

Fournier, S. (1991). "Meaning-Based Framework for the Study of Consumer/Object Relations," *Advances in Consumer Research*, Vol. 18, No. 1, 736-742.

Freeman, C. (1992). "Design and British Economic Performance," Lecture given at the Design Centre, London, 23 March. Quoted in Walsh *et al.* (1992).

Gedenryd, H. (1998). *How Designers Work*. Lund, Sweden: Lund University Cognitive Studies 75.

Geels, F. W. (2004). "From Sectoral Systems of Innovation to Socio-Technical Systems: Insights About Dynamics and Change from Sociology and Institutional Theory," *Research Policy*, Vol. 33, 897-920.

Gladwell, M. (2005). *Blink*. New York: Little Brown and Company.

Goldberg, E. (2005). *The Wisdom Paradox: How Your Mind Can Grow Stronger as Your Brain Grows Older*. New York: Gotham Books, as noted by Sue Halpern in The New York Review of Books, 28 April, pp. 19-21.

Gomory, R. (1983). "Technology Development," *Science*, Vol. 220, No. 4597, 576-580.

Gorb, P. and A. Dumas (1987). "Silent Design," *Design Studies*, Vol. 8, No. 3, 150-156.

Gotzsch, J. (2000). "Beautiful and Meaningful Products," Paper presented at the Politecnico di Milano Conference, *Design Plus Research*, 18-20, May.

Gotzsch, J. (2002). "Product Charisma," Paper presented at the Common Ground Conference at the Design Research Society at Brunel University, London, 5-7, September.

Grant, P. L. (2000). "Outsourced Knowledge: Knowledge Transfer and Strategic Implications from Design Outsourcing," Master of Science in Management of Technology Thesis, Massachusetts Institute of Technology, May.

Hargadon, A. (2003). *How Breakthroughs Happen: The Surprising Truth About How Companies Innovate*. Boston, MA: Harvard Business School Press.

Hargadon, A. B. and R. I. Sutton (1997). "Technology Brokering and Innovation in a Product Development Firm," *Administrative Science Quarterly*,

Vol. 42, No. 4, December, 716-749.

Hargadon, A. B. and R. I. Sutton (2000). "Building an Innovation Factory," *Harvard Business Review*, Vol. 78, No. 3, May/June, 157-166.

Hargadon, A. B (1998). "Firms as Knowledge Brokers," *California Management Review*, Vol. 40, No. 3, Spring, 209-227.

Harrison, B., M. R. Kelley, and J. Gant (1996). "Innovative Firm Behavior and Local Milieu: Exploring the Intersection of Agglomeration, Firm Effects, and Technological Change," *Economic Geography*, Vol. 72, No. 3, July, 233-258.

Henderson, R. M. and K. B. Clark (1990). "Architectural Innovation: The Reconfiguration of Existing Product Technologies and the Failure of Established Firms," *Administrative Science Quarterly*, Vol. 35, No. 1, 9-30.

Hofstadter, D. R. (1985). *Metamagical Themas: Questing for the Essence of Mind and Pattern*. New York: Basic Books.

Holland, J. H. (1998). *Emergence*. Reading, MA: Helix Books.

Holt, D. (1997). "A Poststructuralist Lifestyle Analysis: Conceptualizing the Social Patterning of Consumption in Post-modernity," *Journal of Consumer Research*, Vol. 23, No. 4, March, 326-350.

Holt, D. (2003). "What Becomes an Icon Most?" *Harvard Business Review*, Vol. 81, No. 3, March, 43-49.

Howells, J. (1999). "Research and Technology Outsourcing," *Technology Analysis and Strategic Management*, Vol. 11, No. 1, 17-29.

Huston, L. and N. Sakkab (2006). "Connect and Develop: Inside Proctor & Gamble's New Model for Innovation," *Harvard Business Review*, Vol. 84, No. 3, March, 58-66.

Iansiti, M. (1998). *Technology Integration: Making Critical Choices in a Dynamic World*. Boston, MA: Harvard Business School Press.

Iansiti, M. and R. Levien (2004). *The Keystone Advantage: What the New Dynamics of Business Ecosystems Mean for Strategy, Innovation and Sustainability*. Boston, MA: Harvard Business School Press.

(The) Independent Guide to the 2004 Paralympics Games from Athens. http://www.paralympics.com. (The) International Paralympic Committee.

http://www.paralympic.org.

Johansson, F. (2004). *The Medici Effect: Breakthrough Ideas at the Intersection of Ideas, Concepts and Cultures*. Boston, MA: Harvard Business School Press.

Karjalainen, T.-M. (2003). "Strategic Design Language: Transforming Brand Identity into Product Design Elements," *10th EIASM International Product Development Management Conference*, Brussels, 10-11 June.

Kelley, T. (2001). *The Art of Innovation*. New York: Doubleday.

Kim, L. and J. M. Utterback (1983). "The Evolution of Organizational Structure and Technology in a Developing Country," *Management Science*, Vol. 29, No. 10, October, 1185-1197.

Kleine III, R. E., S. S. Kleine, and J. B. Kernan (1993). "Mundane Consumption and the Self: A Social-Identity Perspective," *Journal of Consumer Psychology*, Vol. 2, No. 3, 209-235.

Klevorik, A. K., R. C. Levin, R. R. Nelson, and S. G. Winter (1995). "On the Sources and Significance of Interindustry Differences in Technological Opportunties," *Research Policy*, Vol. 24, No. 2, March, 185-205.

Kogut, B. and U. Zander (1992). "Knowledge of the Firm: Combinative Capabilities and the Replication of Technology," *Organization Science*, Vol. 3, No. 3, 383-397.

Krippendorff, K. (1989). "On the Essential Contexts of Artifacts, or on the Proposition that 'Design is Making Sense (of Things),'" *Design Issues*, Vol. 5, No. 2, Spring, 9-38.

Kumar, V. and P. Whitney (2003). "Faster, Deeper User Research," *Design Management Journal*, Vol. 14, No. 2, Spring, 50-55.

Kurzweil, R. (2005). "Human 2.0," *New Scientist*, Vol. 187, No. 2518, 24-30 September, 32-36.

Lane, P. and M. Lubatkin (1998). "Relative Absorptive Capacity and Inter-Organizational Learning," *Strategic Management Journal*, Vol. 19, No. 5, May, 461-477.

Latour, B. (1987). *Science in Action: How to Follow Scientists and*

Engineers Through Society. Cambridge, MA: Harvard University Press.

LEGO Mindstorms Robotics Invention System 2. 0 Software. http://mindstorms. lego. com/eng/products/ris/rissoft. asp.

Lehnerd, A. (1987). "Revitalizing the Manufacture and Design of Mature Global Products," in B. R. Guile and H. Brooks, *Technology and Global Industry: Companies and Nations in the World Economy*, Series on Technology and Social Priorities, pp. 49-64. Washington, DC: National Academy of Engineering.

Leonard, D. (1998). *Wellsprings of knowledge: Building and Sustaining the sources of Innovation*. Boston, MA: Harvard Business School Press.

Levitt, T. (1986). *The Marketing Imagination*. New York: Free Press.

Lojacono, G. and G. Zaccai (2004). "The Evolution of the Design-Inspired Enterprise," *Sloan Management Review*, Vol. 45, No. 3, Spring, 75-79.

Lorenz, C. (1986). *The Design Dimension*. Oxford, UK: Blackwell (Revised 1990).

Maidique, M. A. and B. J. Zirger (1985). "The New Product Learning Cycle," *Research Policy*, Vol. 14, No. 6, December, 299-313.

Maldonado, T. (1964). *The Education of Industrial Designers*. UNESCO Seminar Report, Bruges, Belgium.

Malecki, E. J. (1985). "Industrial Location and Corporate Organization in High Technology Industries," *Economic Geography*, Vol. 61, No. 4, October, 345-369.

Mano, H. and R. L. Oliver (1993). "Assessing the Dimensionality and Structure of the Consumption Experience: Evaluation, Feeling, and Satisfaction," *Journal of Consumer Research*, Vol. 20, No. 3, 451-466.

Mansfield, H. (2000). *The Same Ax Twice: Restoration and Renewal in a Throwaway Age*. Hanover, NH: University Press of New England.

Margolin, V. and R. Buchanen (eds.) (1995). *The Idea of Design: A Design Issues Reader*. Cambridge, MA: MIT Press.

Maslow, A. H. (1998). *Maslow on Management*. New York: John Wiley & Sons.

McAlhone, B. (1987). *British Design Consultancy: Anatomy of a Billion Pound Business*. London: Design Council.

McCorduck, P. (1991). *Aaron's Code*. New York: W. H. Freeman and Company.

McKim, R. H. (1980). *Thinking Visually*. Belmont, CA: Lifetime Learning Publications.

Mensch, G. (1979). *Stalemate in Technology*. Cambridge, MA: Ballinger.

Meyer, M. H. and A. P. Lehnerd. (1997). *The Power of Product Platforms: Building Value and Cost Leadership*. New York: Free Press.

Meyer, M. H., P. Tertzakian and J. M. Utterback (1997). "Metrics for Managing Product Development," *Management Science*, Vol. 43, No. 1, January, 88-111.

Miller, A. I. (2000). *Insights of Genius*. Cambridge, MA: MIT Press.

Miller, R. E. and D. Sawers (1970). *The Technical Development of Modern Aviation*. New York: Praeger Publishers.

Mollerup, P. (1986). *Design for Life*. Copenhagen: Danish Design Council.

Moody, S. (1980). "The Role of Industrial Design in Technological Innovation," *Design Studies*, Vol. 1, No. 6, 329-339.

Moore, T. (1992). *Care of the Soul: A Guide for Cultivating Depth and Sacredness in Everyday Life*. New York: Harper Perennial.

Noehren, W. L. (1999). "Development and Empirical Investigation of a Boundary Object Richness Scale for Product Development Teams," Master Thesis, Alfred P. Sloan School of Management, Massachusetts Institute of Technology, June.

Norman, D. A. (2004). *Emotional Design: Why We Love (or Hate) Everyday Things*. New York: Basic Books.

Nussbaum, B. (2004). "The Power of Design," Business Week, 17 May.

OECD (1992). "Frascati Manual." http://www. oecd. org/pdf/

M0000300/M00003664. pdf.

Oppenheimer, A. (2005). "Products Talking to People: Conversation Closes the Gap between Products and Consumers," *Journal of Product Innovation Management*, Vol. 22, No. 1, January, 82-91.

Papanek, V. (2004). *Design for the Real World: Human Ecology and Social Change*. London: Thames & Hudson (Reprinted 2004).

Pavitt, K. (2005). "Innovation Processes," in J. Fagerberg, D. C. Mowery, and R. R. Nelson (eds.), *The Oxford Handbook of Innovation*, pp. 86-114. Oxford, UK: Oxford University Press.

Peterson, R. A. and N. Anand (2004). "The Production of Culture Perspective," *Annual Review of Sociology*, Vol. 30, 311-334.

Petroski, H. (1995). *Engineers of Dreams*. New York: Alfred A Knopf.

Pham, M. T., J. B. Cohen, J. W. Pracejus, and G. D. Hughes (2001). "Affect Monitoring and the Primacy of Feelings in Judgment," *Journal of Consumer Research*, Vol. 28, No. 2, September, 167-188.

Phillips, A. (1971). *Technology and Market Structure: A Study of the Aircraft Industry*. Lexington, MA: Lexington Books.

Pinch, T. and W. Bijker (1987). "The Social Construction of Facts and Artifacts: Or How the Sociology of Science and the Sociology of Technology Might Benefit Each Other," in W. Bijker, T. Hughes, and T. Pinch (eds.), *The Social Construction of Technological Systems: New Directions in the Sociology and History of Technology*, pp. 17-50. Cambridge, MA: MIT Press.

Pine II, B. J. (1993). *Mass Customization*. Boston, MA: Harvard Business School Press.

Piore, M. J. and C. F. Sabel. (1984) *The Second Industrial Divide: Possibilities for Prosperity*. New York: Basic Books.

Porter, M. (1990). *The Competitive Advantage of Nations*. New York: Free Press.

Postrel, V. (2005). *The Substance of Style*. New York: Harper-Collins Publishers.

Pouder, R. and C. H. St. John (1996). "Hot Spots and Blind Spots: Geographical Clusters of Firms and Innovation," *The Academy of Management Review*, Vol. 21, No. 4, October, 1192-1225.

Powell, W. W. and S. Grodal (2005). "Networks of Innovators," in J. Fagerberg, D. C. Mowery and R. R. Nelson (eds.), *The Oxford Handbook of Innovation*, pp. 56-85. Oxford, UK: Oxford University Press.

Pugh, S. (1991). *Total Design: Integrated Methods for Successful Product Engineering*. Reading, MA: Addison Wesley.

Pulos, A. J. (1983). *American Design Ethic: A History of Industrial Design to 1940*. Cambridge, MA: MIT Press.

Reingold, J. (2005). "What P&G Knows About the Power of Design," *Fast Company*, Vol. 95, June, 56-57.

Rickne, A. (2000). "New Technology-based Firms and Industrial Dynamics: Evidence from the Technological System of Biomaterials in Sweden, Ohio and Massachusetts," Doctoral Dissertation, Department of Industrial Dynamics, Chalmers University of Technology, Göteborg, Sweden.

Rogers, E. M. (1995). *Diffusion of Innovations*, 4th Ed. New York: The Free Press.

Rothwell, R. (1986). "Innovation and Re-Innovation: A Role for the User," *Journal of Marketing Management*, Vol. 12, No. 2, 19-29.

Rust, R. T., D. V. Thompson, and R. W. Hamilton. (2006). "Defeating Feature Fatigue," *Harvard Business Review*. Vol. 84, No. 2, February, 98-107.

Sanderson, S. and V. Uzumeri (1997). *The New Competitive Edge: Managing Product Families*. Homewood, IL: Richard D. Irwin.

Schenk, P. (1991). "The Role of Drawing in the Graphic Design Process," *Design Studies*, Vol. 12, No. 3, July, 168-181.

Schmitt, B. (1999). *Experiential Marketing: How to Get Customers to Sense, Feel, Think, Act and Relate to Your Company and Brands*. New York: Free Press.

Schön, D. (1983). *The Reflective Practitioner*. Cambridge, MA:

MIT Press.

Schooler, J. S. *et al.* (1993). "Thoughts Beyond Words: When Language Overshadows Insight," *Journal of Experimental Psychology*, Vol. 122, No. 2, 166-183.

Schrage, M. (2000). *Serious Play*. Boston, MA: Harvard Business School Press.

Schwartz, E. I. (2002). "The Inventors Playground," *Technology Review*, Vol. 105, No. 8, October, 69-73.

Sentance, A. and J. Clark (1997). The Contribution of Design to the UK Economy—A Design Council Research Paper. London: Design Council.

Shah, S. K. (2005). "Open Beyond Software," in D. Cooper, C. Di Bona and M. Stone (eds.), *Open Sources 2*. Sebastopol, CA: O'Reilly Media.

Sherer, F. M. (1999). *New Perspectives on Economic Growth and Technological Innovation*, Brookings Institution Press, Washington, DC.

Sherman, E. (2002). "Inside the Apple iPOD Design Triumph," *Electronics Design Chain*, cover story, Summer 2002.

Simon, H. A. (1981). *The Sciences of the Artificial*. Cambridge, MA: MIT Press.

Skeens, N. and E. Farrelly (2000). *Future Present*. London: Booth-Clibborn Editions Ltd.

Sonn, U. and G. Grimby (1994). "Assistive Devices in an Elderly Population Studied at 70 and 76 Years of Age," *Disability and Rehabilitation*, Vol. 16, No. 2, 85-93.

Sorenson, O. and D. M. Waguespack (2005). "Research on Social Networks and the Organization of Research and Development: An Introductory Essay," *Journal of Engineering and Technology Management*, Vol. 22, No. 1-2, March-June, 1-7.

(The) Swedish Federation for Disabled. DHR, http://www.dhr.se.

(The) Swedish Handicap Institute, http://www.hi.se.

Swift, P. W. (1997). "Science Drives Creativity: A Methodology for Quantifying Perceptions," *Design Management journal*, Vol. 8, No. 2,

Spring，51-57.

Tsai，S.-P.（2005）."Utility，Cultural Symbolism and Emotion：A Comprehensive Model of Brand Purchase Value," *International Journal of Research in Marketing*，Vol. 22，No. 3，277-291.

Tunisini，A. and A. Zanfei（1998）."Exploiting and Creating Knowledge Through Customer-Supplier Relationships：Lessons From a Case Study," *R&D Management*，Vol. 28，No. 2，111-118.

Ulrich，K. T. and S. D. Eppinger（2004）. *Product Design and Development*，3*rd* *Ed*. New York：McGraw-Hill.

Utterback，J. M.（1994）. *Mastering The Dynamics of Innovation*. Boston，MA：Harvard Business School Press.

Utterback，J. M. and A. N. Afuah（1998）."The Dynamic 'Diamond'：A Technological Innovation Perspective," *Economics of Innovation and New Technology*，Vol. 2，No. 2，3，June，183-199.

Utterback，J. M. *et al.*（1988）."Technology and Industrial Innovation in Sweden：A study of Technology-based Firms Formed Between 1965 and 1980," *Research Policy*，Vol. 17，15-26.

Utterback，J. M. and H. J. Acee（2005）."Disruptive Technologies：an Expanded View," *International journal of Innovation Management*，Vol. 9，No. 1，March，1-17.

Utterback，J. M. and W. J. Abernathy（1975）."A Dynamic Model of Product and Process Innovation," *Omega*，Vol. 3，No. 6，639-656.

Verganti,R.（2003）."Design as Brokering of Languages：The Role of Designers in the Innovation Strategy of Italian Firms," *Design Management Journal*，Vol. 14，No. 3，Summer，34-42.

Verganti，R. and C. Dell'Era（2003）. *I Distretti del Design：Modello e Quadro Comparato delle Politiche di Sviluppo*. Milano：Report Finlombarda.

Verspagen，B. and C. Werker（2003）. http://tm-economics. tm. tue. nl/icol/icolrep. pdf.

Veryzer，R. W. and B. B. de Mozota（2005）."The Impact of User-Oriented Design on New Product Development：An Examination of Fundamental

Relationships," *Journal of Product Innovation Management*, Vol. 22, No. 2, March, 128-143.

von Hippel, E. (1988). *Sources of Innovation*. New York: Oxford University Press.

von Hippel, E. (2005). *Democratizing Innovation*. Cambridge, MA: MIT Press.

von Hippel, E. *et al*. (1999). "Creating Breakthroughs at 3M," *Harvard Business Review*, Vol. 77, No. 5, 47-57.

Vredenburg, K., S. Isensee and C. Righi (2002). *User-Centered Design: An Integrated Approach*. Saddle River, NJ: Prentice-Hall.

Walsh, V. (1996). "Design, Innovation and the Boundaries of the Firm," *Research Policy*, Vol. 25, No. 4, June, 509-529.

Walsh, V., R. R. oy, M. Bruce, and S. Potter (1992). *Winning by Design: Technology, Product Design and International Competitiveness*. Oxford, UK: Blackwell Publishers.

Wernerfelt, B. (1984). "A Resource-Based View of the Firm," *Strategic Management Journal*, Vol. 5, No. 2, April, 171-180.

Yamaguchi, J. K., J. Thomson, and H. Tajima (1989). *Miata: Mazda MX-5*. St. Martins Press.

附录 A

设计师和设计公司的访谈问题

1. 普遍问题——设计公司的角色(或范围)

企业对待其资源和连接活动的多样性和范围的看法？

a. 公司种类——例如,专才与通才

b. 与 R&D 公司或工程顾问的异同

c. 随时间的改变——例如,大规模、多任务公司的出现(即不仅仅局限于产品设计,还包括市场研究、交流策略等。这涉及设计公司和它们的客户端的更长期的劳动分工)

2. 客户端界面(例如,提供了什么？)

a. 设计公司是否扮演着看门人/经纪人的角色——这个角色需要什么？(例如,建议不要继续新产品的发展？)

b. 关系的本质——固定客户与不断变化的散客之间的关系？(频率如何？)客户企业对于同一件产品是否会请超过一家的设计公司？

c. 客户公司内职能/部门之间的桥梁作用(或顾客和他们的供应者之间)

d. 客户企业的多样性如何？ 设计公司是否会寻求多样化的客户企业？

e. 设计公司是否考虑(试图管理)顾客的投资组合？

f. 哪种形式的成果是被期许或是可得的？(例如,设计公司可能把自身的界限设置在哪里？)——概念、绘图、原型等？

g. 概要的突破——多久做一次？ 是否广泛地被期许？ 是否值得？

h. 无客户端项目——设计公司能否在没有一个未来顾客的前提下形成产品概念？

i. 更广泛的整合/协调作用

• 设计公司是否被要求充当/是否把自己看做顾客与客户端之间的

桥梁？

　　• 设计公司单单在一个具体项目之上构建网络或团队？（例如，附加的能力在何处是必需的——迈向虚拟公司）

　　j. 活动奖励和知识产权所有权的相关问题

　　3. 流程——（项目导向）用于形成（产品）概念的技术和工具

　　隐性知识和显性知识之间区别之上的流程突破。设计公司如何形成（方案的）选择性和多样性？这里包括避免过早地陷入于一种解决方案。如何避免或减少先入为主或"疲劳"的解决方案？工具的复杂程度/或"范围广泛"程度（即从超越产品对象本身，到更广泛地展现与/或促销与/或功能）？

　　角色（知识的唤醒或呈现）

　　a. 文本（"简报"）和数字（例如，技术规格/参数）

　　b. 搜索工具以及度量（例如，记分卡）

　　c. 技术——例如比喻、比拟、唱反调、质量功能展开的作用

　　d. 非正式交互

　　e. 正式的会议/安排——例如，制定联络人

　　f. 由来自不同背景的人组成的（暂时）项目团队

　　g. 内部创业团队

　　h. 集中小组/联合解决问题的会议（与顾客以及潜在的其他对象——例如技术专家）

　　i. 草图与可视化

　　j. 信息技术工具，如计算机辅助设计

　　k. 物理文物（例如，评估/现有产品的逆向工程）

　　l. 原型（与试验发展）：

　　• 开发的一个项目通常有多少原型？

　　• 它们如何形成？

　　• 它们如何进行评估？

　　4. 冲突解决/如何达到合成或"整体性"？

　　a. 在设计项目中如何解决冲突，例如美学、可用性、成本等？

　　b. 涉及产品结构、平台、系列、功能经济性、理想的或符合的设计等因素——即子系统和交互界面是如何设计和定义的

　　5. 过程发展

　　a. 如何评估现有技术的不足？

b. 如何鉴定、开发和集成新技术?

6. 更广泛地学习

企业如何发展其广泛的能力并与外部的公司进行整合? 包括设计公司看法如何,如何学习新兴技术和概念,接近尖端研究是否必要?

a. 雇用的做法及其来源(例如,这是团队特意追求长期的多样性,或者人们是否为专门和紧急任务进行招募?)

b. 客户和社区之间的中介(对于实践)

c. 轮换计划/借调

d. 思路的合并及重组

e. 访问(包括研究机构),会议,在实习公司/集团

f. 项目内学习

• 从成功和失败中学习(项目评估)

• 项目间的知识转移

g. 核心人员的雇用机制

附录 B

从草图到产品[1]

下面的展示顺序阐述了一些设计师采用的设计过程，从素描到模型和原型，然后使用计算机辅助设计（CAD）软件。

最早阶段，像上面这样粗略的素描集中在任何正在设计的产品中，是设计的基本要素，同时允许其做变动的尝试与测试并进行具体讨论。然后，工业设计师可以在之后的草图中研究产品理念的关键要素。

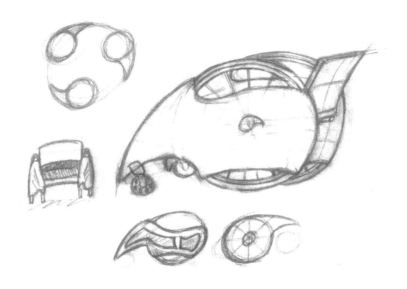

随着各式各样的想法在要素上逐渐趋同,素描变得越来越清晰。

此刻,措施、构建和系统已经被引入,或者至少它们被暗示了,接下来的草图很好地阐释了设计效果。

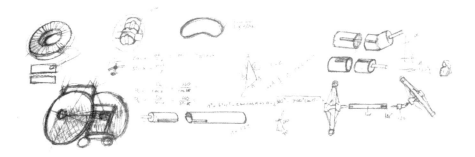

通常，接下来的步骤是，做出一个实物模型，它可以由黏土、泡沫或任何容易获得、易于控制的材料制成。对于这个特殊的轮椅设计，实体模型用的是硬纸板。设计人员还可以利用现有的项目中可以使用的任何部件，在这个设计的拼装中重复使用。这允许设计者测试实用性的某些方面。这两种方法的实例展示于下一张照片。

在某些阶段，草图被升级为详细的手工图纸，这反过来也允许使用CAD 软件渲染。

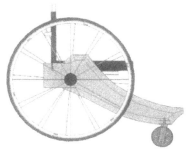

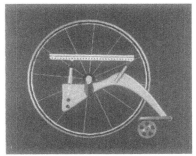

使用 CAD 软件在电脑内渲染整个产品或系统的基础组装的细节构成。
CAD 效果图也允许通过某种方式来突出设计的鲜明特色。

CAD 程序甚至可以用于真实地显示产品,采用灯光效果,如阴影,下图
作为例子展示。

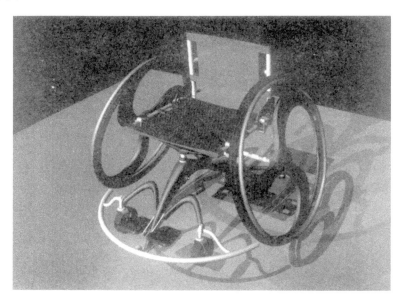

最后,还有一个现实生活中的产品。

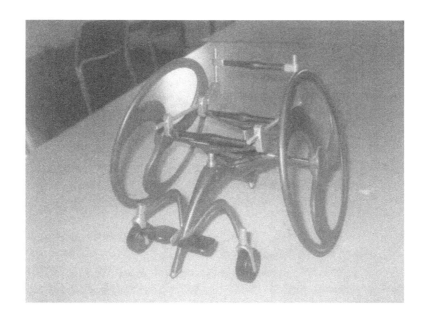

尾注

---

1. 感谢 Marcus Seppälä 提供轮椅上使用的材料。